旱地小麦秸秆还田理论与技术

HANDI XIAOMAI JIEGAN HUANTIAN LILUN YU JISHU

刘义国　林　琪　著

中国农业出版社
北　京

前　言

FOREWORD

提升旱地生产力实现旱地可持续高产一直是国内外的研究重点，一些发达国家（美国、日本等）和国际农业研究机构（国际水稻研究所、国际玉米小麦改良中心等）将旱地作物高产突破列为重大研究计划。各国在旱作农业的研究开发方面创造了一些成熟的模式，积累了成功经验，在发展农业和改善环境中取得了显著成效，在推动世界旱作节水农业的发展过程中，产生了重要影响。近年来，国外在旱作方面的研究主要趋向于通过保护性耕作提升土壤保蓄能力，通过充分利用降水提高水分利用效率。我国在旱地农业研究方面，中国农业科学院、中国农业大学、西北农林科技大学、山西农业大学、青岛农业大学等科研单位和高等院校开展了大量的土壤改良、保水蓄肥技术研究，在农业生产的节水、省肥、高产栽培技术方面取得了新的进展，在生产上发挥了重要作用。

山东省是农业大省，是我国小麦、玉米的主产区和优质粮食生产基地，历年来粮食总产量占全国的7%～8%。小麦、玉米科研创新与生产水平在国内具有明显优势，对黄淮海地区粮食作物生产发挥了重要的技术支撑作用。同时，山东省也是粮食消费大省，随着人口增加和社会经济的快速发展，粮食供需矛盾日益突出。山东省水资源总量仅占全国的1.1%，人均水资源占有量仅为全国的14.7%，位居全国倒数第三位。近年来，山东省干旱发生频率、发生范围、持续时间、危害程度都呈上升趋势，严重年份春旱、秋旱已成为山东省最大的自然灾害，干旱缺水已成为制约农业和农村经济发展的主要“瓶颈”之一。山东省旱地面积占全省耕种面积的30%以上，而且山东省农业用水紧缺的状况将会更加严峻，因此，农业水资源亏缺将进一步加剧部分灌溉农田向半干旱或干旱农田过渡。目前，山东省农田作物水分利用率和利用效率仅为30%～40%和0.5～1.1千克/米^3，其中旱地水分利用效率为1.0～1.5千克/米^3，而发达国家可达到2千克/米^{3}以上，如以色列已达到2.32千克/米^3，因此我国水分利用效率具有很大的提升潜力。

习近平总书记指出，粮食安全是国家安全的重要基础，“中国人的饭碗任何时候都要牢牢端在自己手中”。保障粮食安全，是现代农业的基础工程，是我国农业科技工作的重大基础性、长期性战略任务。作为中低产田的旱地是保障粮食安全的重要耕地资源，是节约农业用水、高产高效的重要支撑。但是，与粮食安全、生态安全、农业可持续发展的目标和需求相比，我国旱作农业技术还存在许多不足，土壤保蓄技术、旱地可持续发展、资源可持续高效利用、环境友好型投入品研发等技术难题还未从根本上解决，与国际先进水平差距较大。因此，破解目前旱地缺水严重、土壤环境恶化、粮食产量低且不稳的难题，已经成为现代农业生产的一大挑战。

著者课题组从事旱地小麦研究多年，在旱地小麦秸秆还田理论与技术方面进行了诸多研究，本书的撰写与出版是课题组及合作专家多年心血的结晶，得到了兄弟院校和科研院所的支持。感谢课题组张玉梅教授、师长海副教授、万雪洁博士、李玲燕博士、刘家斌博士等在秸秆还田理论与技术研究方面的支持，感谢王靖、王宁、房清龙、商健、位国锋、谭念童、孙旭生、黄令峰、李京涛、惠海滨、赵海波等在研究生学习期间的工作，感谢林之栋、车林等在本书整理等方面的付出。同时，还要特别感谢山东省农业重大应用技术创新项目（SD2019ZZ003）、山东省重点研发项目（2018GNC2305）、青岛市民生科技计划项目（19－6－1－70－nsh）、山东省自然科学基金（2R2022MC148）、山东省科技创新发展资金项目（2022S2X20）等项目的资助。还有许多对本书研究和撰写帮助良多的老师们，无法一一列出，在此一并表示感谢。

由于秸秆还田应用的广泛性，以及受不同土壤、气候条件等条件的影响，加之在试验手段、资料搜集及撰写等方面还存在不足，书中难免存在不妥之处，恳请广大同仁与读者不吝赐教、批评指正，以共同推动我国旱地作物高产高效和可持续发展。

著　者

2023年9月

目录

CONTENTS

第一章　旱作农业概况

第一节　旱地和旱作农业的概念

旱地一般指无灌溉设施，主要靠天然降水种植旱生农作物的耕地，包括没有灌溉设施，仅靠引洪淤灌的耕地。在旱地上进行的农业栽培一般意义上称为旱作农业。旱作农业是在水资源严重短缺条件下，通过改善旱地农业结构和运用一系列旱作技术措施，不断提升地力和天然降水的有效利用率，靠充分利用天然降水实现农业稳产和平衡增产，使农林牧等综合开发的农业。具体而言就是在干旱、半干旱和半湿润易旱等地区，即在年降水量200～600毫米的地区，不靠灌溉而采用一系列抗旱农业技术进行生产的雨养农业。全球15亿余公顷的耕地面积中，有灌溉条件的耕地仅占15.8%，其余都是靠自然降水从事农业生产。我国旱作农业地区范围很大，约占国土陆地面积的56%。全国耕地面积18亿余亩*，据水利部统计，2021年农田有效灌溉面积达10.37亿亩，占全国耕地面积的54%，还有46%的耕地为旱地。因此，旱作农业的丰歉，与农业生产水平的提高和未来粮食安全有密切的关系。

第二节　我国古代旱作农业概念与理论实践

我国在1981—2010的30年里，由旱灾导致的粮食年均减产量为3 393万吨。自古以来，干旱就是我国农业生产上最严重的一种农业气象灾害。据历史记载，从公元前206年到1949年的2 155年间，发生旱灾1 056次，平均每两年发生一次。殷墟出土的10万件甲骨文就有数千件是关于求雨的，反映了干旱是当时农业生产上一个严重的问题。《说文》中提到“旱，不雨也”，《谷梁传·僖公十一年》认为“不得雨曰旱”，《墨子·七患》则解释为“二谷不收谓之旱”。

过去普遍认为，干旱主要发生在我国北方地区，且危害严重。近年来，全

---

* 亩为非法定计量单位。1亩=1/15公顷。

球气候变化复杂，极端气候频发，旱灾发生的频率和强度也有所增强，特别是近几年我国南方地区频繁出现重大旱灾。全国各地均存在不同程度的旱情。面对干旱的威胁，人们通过两条途径抗旱：一是兴办水利，扩大灌溉面积；二是发展旱作农业。

《齐民要术》大约成书于北魏末年（公元533—544年），是我国杰出农学家贾思勰所著的一部综合性农学著作，是我国现存最早的一部完整的农书，也是世界农学史上的专著之一。全书10卷92篇，系统总结了6世纪以前黄河中下游地区劳动人民农牧业生产经验、食品加工与储藏、野生植物利用以及治荒的方法，详细介绍了季节、气候和不同土壤与不同农作物的关系，被誉为“中国古代农业百科全书”。书中也记录了旱作农业的诸多方法和技术，主要技术包括以下几点。

一、多样性耕地措施，重在蓄水保墒

蓄水保墒是指旱作农业地区用以抵抗干旱灾害、减少土壤水分蒸发，相对增加土壤湿度、保证农业生产的一套栽培耕作技术体系。现代农业中利用先进农机设施进行不同方式的耕作方式，如深耕、旋耕、深翻等方式，具有翻土、松土、混土、碎土的作用。深耕能够改善土壤结构，增加土壤底墒；疏松土壤下层，打破犁底层，使土壤的含水部位下移，增加土壤含水量，即增加土壤底墒，达到蓄水保墒的作用。古人在长期的农业生产实践中，针对不同情况的地块，采取了不同的朴素耕作方式。

从《吕氏春秋·任地》中“五耕五耨，必审以尽，其深殖之度，阴土必得”可见，早在春秋战国时期就已经有了深耕的农事技术。《齐民要术·杂说》中记述的“观其地势，干湿得所。禾秋收了，先耕荞麦地，次耕余地。务遣深细，不得趁多。看干湿，随时盖磨著切……无问耕得多少，皆须旋盖磨如法”，就是指观察地势高低和土地干湿程度，秋收后先耕准备种荞麦的地，再耕其余的田地，务必要耕得深些、细些，不要图快、贪多，按其干湿程度，随时将土块弄碎耢平，不管耕地多少，都要随时耙耧，才能保墒。按照土壤墒情选择耕种顺序，并且注重深耕、细耕，保持土壤松软透气，有利于蓄水保墒。

由于气候变化和农事操作等原因，土壤质地会有松软坚硬之分，不同的农业生产对土壤条件的要求不同，通过不同的农业耕作技术，实现土壤质地“强弱”的转变，达到抗旱保墒、高效利用土地的目的。《齐民要术·耕田》中“春地气通，可耕坚硬强地黑垆上。辄平摩其块以生草。草生，复耕之，天有小雨，复耕和之，勿令有块以待时。所谓强土而弱之也……杏始华荣，辄耕轻土弱土。望杏花落，复耕。耕辄藺之。草生，有雨泽，耕重藺之。土甚轻者，以牛羊践之，如此则土强。此谓弱土而强之也”就是说的要把干硬的土块变成松软的土壤、松散的土变成较硬的土的转换方法。

古人不仅对耕地有较为全面系统的耕作保墒之法，对具体作物的耕种之法，也有研究。针对不同作物的具体生长特点，应用具体的耕作方式。如对小麦的耕作也有详尽的记载："凡种小麦地，以五月内耕一遍，看干湿转之，耕三遍为度。亦秋社后即种。至春，能锄得两遍最好。"种小麦的地，要在5月里耕一遍，在干湿适度时再翻1次，耕3次就行了。在立秋后的四五十天以后就下种。等到翌年春天，能锄2次最好。小麦生长季多为干旱少雨的季节，多次耕地，增强土壤蓄水能力，增加墒情，配合划锄技术，可充分增强小麦的抗旱能力，提高小麦产量。

二、培肥地力，提高土壤生产能力

合理施用粪肥，提高土壤地力。土壤是作物获取有机质和矿物质的本源，长期栽培生产，不断掠夺土壤的养分，使得土壤贫瘠，质地坚硬，不利于农业生产。

利用豆科植物固氮蓄肥养地，提高土壤地力。《齐民要术·耕田》中的"凡美田之法，绿豆为上，小豆、胡麻次之……为春谷田，则亩收十石，其美与蚕矢、熟粪同"就是说"肥田的方法，种绿豆最好，其次是小豆和胡麻。都在五六月里撒播，七八月用犁翻到地里。第二年春天种谷子，每亩可以收十石，就与施蚕粪、熟粪一样肥美"。古人已有利用豆科植物固氮蓄肥养地、腐熟秸秆提高地力的实践经验了。

增加土壤磷素，提高土壤通气性，增强土壤耐旱性。磷在植物体内参与光合作用、呼吸作用。促进植物早期根系的形成和生长，提高植物适应外界环境条件的能力。有助于植物抗寒、耐旱；可提高许多水果、蔬菜和粮食作物的品质，有助于增强一些植物的抗病性，还具有促熟作用。若土壤中没有足够可供植物吸收的磷元素时，植物生长将受到极大限制。《汜胜之书·种谷》中记载了"又取马骨剉一石，以水三石，煮之三沸，漉去滓，以汁渍附子五枚，三四日去附子，以汁和蚕矢、羊矢各等分，挠令洞洞如稠粥……至可种时，以余汁溲而种之，则禾稼不蝗"，讲述的是利用马骨里的磷素来改良土壤，使土壤磷素含量增加，促进作物耐旱能力，增加粮食产量，还是一种通过拌种预防病虫害的有效方法。这种农事措施，可谓多种收益。

三、适时安排农事，抗旱保产

"适时"主要是指根据季节变化规律安排农事，达到抗旱保产的目的。《孟子》中云："不违农时，谷可不胜食也。"就是说不违背农作的时令，粮食可以吃不完。《礼记·月令》中曰："仲秋之月……乃劝种麦。"表明早在春秋战国时，古人就已经意识到了适时农作、不误农时的重要性了。

耕种的根本，在于抓住农时、疏松土壤、着重施肥和灌水保墒，适时耕地播种，尽可能早锄早收。《氾胜之书·耕田》中记载："凡耕之本，在于趣时和土，务粪泽，早锄早获。"《齐民要术·杂说》中记载"候昏房心中，下黍种，无问。"《氾胜之书》中曰："凡田有六道，麦为首种。种麦得时，无不善。夏至后七十日，可种宿麦。早种则虫而有节，晚种则穗小而少实。"可见，适时播种对小麦防治病虫害、增加产量都有重要作用。

四、划锄镇压覆盖结合，保墒壮苗

划锄镇压覆盖均是旱作农业抗旱保墒的重要技术。划锄主要目的是松软土质，保墒增温，增加通透性，促进次生根下扎；镇压使作物种子与土壤接触紧密，有利于种子从土壤中吸收水分发芽，增强土壤毛细管作用，使土壤下层水提升到作物的根系位置，充分利用土壤中的水分；覆盖技术可以蓄水保墒，减少水分蒸发，提高地温，增加土壤养分，改善土壤结构，提高水分的利用效率，达到旱作农业保墒壮苗的目的，可提高粮食产量。

《氾胜之书》中记载"冬雨雪止，以物辄蔺麦上，掩其雪……麦耐旱，多实……麦生根茂盛，莽锄如宿麦。"冬季雨雪停止后，要用辊子立即在麦苗上辊压，把雪埋在土里，可耐旱增产。当春季麦苗生长茂盛时，就要用锄进行根际松土，与冬麦的管理是一样的。《氾胜之书小麦篇》："覆土厚二寸，以足践之，令种土相亲。麦生，根成，锄区间秋草，缘以棘柴律土壅麦根……区间草生，锄之……至五月收，区一亩得百石以上，十亩得千石以上。"就是说覆土厚二寸，用脚踩实，使麦种和土粒紧密接触。麦发芽，长成后即锄去区间杂草，沿着区边用酸枣柴耧土覆盖麦根。到五月收麦，区田一亩能收一百石以上，十亩能收一千石以上。这是古人利用镇压与划锄技术促进小麦增产增收的实践。

《齐民要术·种谷》中"良田率一尺留一科，薄地寻垅蹑之。苗出垅则深锄，锄不厌数，周而复始，勿以无草而暂停。"就是说好田定苗的标准是一尺留一株。瘦薄的田，下种后要沿着地垄用脚踩实。苗的高度冒出地垄时要深锄，锄地不嫌次数多，一次锄遍了，还要接着从头再锄，不要以为没有草就停锄。

五、种子精细处理技术，意在抗旱防虫保苗

选种栽培要从种子的收获开始。种子的精细收获、精细挑选关系到整个作物生长发育过程，影响作物产量。

《氾胜之书·收种》中记载："种伤湿郁热则生虫也。取麦种，候熟可获，

择穗大强者，斩束立场中之高燥处，曝使极燥……取干艾杂藏之，麦一石，艾一把。藏以瓦器、竹器。顺时种之，则收常倍。取禾种，择高大者，斩一节下，把悬高燥处，苗则不败。”就是说种子受了潮湿或闷热，就会生虫子。采麦种的方法是等麦熟收割时，挑选大而强壮的穗，剖下、扎成小捆，直立在场地高而干燥处，晒透。要避免蛀虫，如果发现已经生虫子了，要立即去掉，然后掺入干艾收藏。麦种一石，用艾一把，藏在瓦器或竹器内。这样适时下种，收成会成倍增加。采谷种的方法是挑选株秆高大的，将其第一节连穗斩下，扎成小把，悬挂高而干燥处，这样的种子所长出的苗是不会差的。

采用合理科学的方式浸种，以提高作物耐旱与抗虫性。浸泡种子，意在促使种子提早萌动发芽，以保证种子不因干旱而“胎死腹中”，降低因干旱因素对种子发芽率的影响，提高出苗率，也可起到防虫保苗的功效。《氾胜之书·种谷》中记载：“薄田不能粪者，以原蚕矢杂禾种种之，则禾不虫。又取马骨剉一石，以水三石，煮之三沸，漉去滓……以汁和蚕矢、羊矢各等分，挠令洞洞如稠粥。至可种时，以余汁溲而种之，则禾稼不蝗。无马骨亦可用雪汁。雪汁者，五谷之精也，使稼耐旱。常以冬藏雪汁，器盛埋于地中。治种如此，则收常倍。”这里介绍了一种拌种浸种方法：田薄地以致不能上粪的，用蚕粪混在谷种里下种，谷子就没有虫害。又可取磨碎的马骨一石，加水三石，煮沸三次，滤去渣滓，把汁搅拌上蚕粪、羊粪各等量，充分搅拌，调和成浓厚的粥样。到播种时，再把所余的骨汁搅拌谷种后播种，这样的庄稼就不会有蝗虫和别的虫害。没有马骨也可以用雪水。雪水是五谷的精华，能使庄稼耐旱。经常在冬季收藏雪水，盛在陶器内并藏在地下备用。这样处理种子，收成常可加倍。以上表明，充分利用粪肥及马骨中的磷元素，以增加土壤有机质及磷元素，提高种子的耐旱与防虫性。

六、旱作农业的轮作理念

轮作是指在同一块田地上，有顺序地在季节间或年际间轮换种植不同的作物或复种组合的一种种植方式。轮作是用地养地相结合的一种生物学措施。合理的轮作有较高的生态效益和经济效益，可调节土壤肥力，同时还使对特种作物寄生的病菌及害虫失去寄主而死亡，从而有效预防病虫害的发生。

我国早在西汉时期就实行休闲轮作。《齐民要术·杂说》中讲到的“每年一易，必莫频种。其杂田地，即是来年谷资”“凡谷田，绿豆、小豆底为上，麻黍、胡麻次之，芜菁、大豆为下”“小豆，大率用麦底”“凡黍、穄田，新开荒为上，大豆底为次，谷底为下”，以上分别就是指（谷子地）每年要更换一次，一定不能连种。种植其他杂项作物的田地，可以作为翌年的谷田。种谷时，用上次种绿豆、小豆的田最好，上次种麻、黍的田为次等。同一块地，必须轮种各种农作物才好。连种同一种作物容易引起矿物质养分流失和病虫害蔓延。因此，对某种农作物来说，必须经常更换田地进行播种。

发展旱作农业，重视机械应用，体现人与自然和谐共生。

《齐民要术·杂说》中讲“欲善其事，先利其器。悦以使人，人忘其劳。且须调习器械，务令快利；秣饲牛畜，事须肥健。抚恤其人，常遣欢悦。”讲的是要想把农活做好，必须先把农具修理好。和颜悦色地与劳动中的农民进行交谈，农民就不会感到很疲劳。还要把器械调整好，使其锋利、灵活，并进行操作练习。要用清洁的草料喂好牛和其他家畜，使其保持健壮。应当关心民众生活，使其心情舒畅。这不仅体现了古人重视旱作农业机械应用问题，还蕴含着古人追求和谐共生。

在我国上下五千年的文明史上，勤劳智慧的中国人民在从事农业生产中积累了无数的宝贵经验，形成了众多的农业实践技术，对我国发展现代农业，尤其是发展旱作农业，都产生了深远的影响。

蓄水保墒、抗旱保产是发展旱作农业的首要目的。历经数千年的农业发展，这些理念仍然在一定程度上指导着现代旱作农业生产。历史的车轮推动着人类文明的进步，随着科技不断发展，当下发展旱作农业可借鉴古人的农业理念雏形，依托现代先进的农业机械、气象预报以及高效的肥料、农药等载体，从而实现旱作农业的飞跃式发展。

现在，我国农业生产依然面临着严重的干旱威胁，不仅北方有旱灾，南方也频发大旱。借鉴前人的经验，继承和弘扬我国传统农业的生产理念与经验，依托现代农业的先进科学技术，对于发展旱作农业具有重要意义。

第三节　我国旱作农业区降水特点

我国是一个受大陆性季风气候影响的国家，从南到北、从东到西，降水量逐渐减少，降水在一年中的分布很不均衡。年与年之间差异也很大。北方旱作区和南方旱作区的降水特点也不相同。在全国范围内，各个季节都可能发生旱灾。

一、北方旱作区降水特点

北方旱作区年平均降水量在200～600毫米，大部分地区降水集中在7—9月，占全年总降水量的60%～70%，冬春季节的降水量只占10%～15%，春旱在北方地区发生频繁。夏季雨水相对较多，但雨量过于集中，阵雨、大雨、暴雨多，在丘陵山区大多形成地表径流而流失，作物对雨水的利用率不足30%。近年来，北方地区年降水量变化比较大，除春旱以外，伏旱、秋旱、春夏连旱、夏秋连旱的情况也十分严重。所以，在北方地区，是十年九旱、三年两头旱、年年有小旱、五年十年一大旱。例如，2010 年秋种时，遇秋冬春旱情，部分地区旱情百年一遇；2012 年早春，部分地区也出现了严重旱情，干旱有逐年加剧的趋势。

二、南方旱作区的降水特点

南方旱作区年平均降水量一般大于 800 毫米，大部分地区达到 1 000 毫米以上。受地形影响，降水分布情况比较复杂，一些地区春季少雨，夏季多大雨、暴雨。另一些地区冬春季节连阴雨，夏季少雨。作物从播种、生长发育到收获，各个时期都必须有充足的水分供应，供水不足，就会受旱减产。南方气温高，蒸发量大，气候炎热，干旱的威胁就更加严重。例如，2009 年 9 月以来，我国南方大部地区高温少雨，湖南、江西、广东、广西等地出现不同程度秋旱，导致上述地区的江河库湖蓄水比常年同期明显偏少，影响了水上航运、水力发电、生活用水及农业生产。2010 年更是遇到百年不遇的干旱，在我国西南五省份出现大旱，部分旱区旱情持续时间达 5 个月，1.11 亿亩耕地受影响。2012 年南方干旱，部分地区作物绝收，甚至出现居民饮水困难。

第四节　我国发展旱作农业的战略意义

我国是一个干旱缺水严重的国家，淡水资源总量为 28 000 亿米^3，占全球水资源的 6%。居世界第四位，但人均只有 2 300 米^3，仅为世界平均水平的 1/4，在世界上名列第 128 位，是全球 13 个人均资源最贫乏的国家之一。

我国干旱半干旱面积很大，占全国土地面积的 50%以上，主要集中在我国北方地区（李福等，2010）。在农业生产上，我国北方光热资源丰富，但是水资源严重紧缺，随着经济社会的快速发展和城镇化程度的加快，农业用水和工业、生活用水的矛盾日益突出，可用于农业的灌溉用水逐年减少，旱地面积将进一步扩大，水资源将成为农业可持续发展战略和国民经济快速稳定发展的障碍之一。我国北方是重要的粮食生产区，承担着“北粮南调”的重要任务，因为“三水循环”障碍，以及旱区范围不断扩大、干旱程度持续加剧的趋势，使本已短缺的水资源，益发捉襟见肘，加之人口增长和社会发展对水资源与日俱增的需求，水资源短缺难以逆转，已经严重危及农业的可持续发展。这在我国北方旱区尤为突出。旱区农业生产的主要水分来源就是降水，但我国北方旱区不仅年降水量有限（大多为 250～550 毫米），而且分布不均，多大雨、暴雨，加之地形起伏不平，致使有限的降水资源大部分化为径流，从而非目标性输出；储存在土壤里的降水通过蒸发而大量损失；现行种植的小麦等作物种群大多数用水效率低。更为普遍的是，土壤肥力低下，制约了水分的高效利用。目前，大部分地区的降水利用率约为40%，粮田水分利用效率仅为4.5～6.0千克/(毫米·公顷)。山东省40%耕地为旱地，小麦生育期平均年降水200毫米左右，而生产500千克小麦需用水500余毫米，旱作区需水缺口大。这种低水平的转化效率，以耗用过量的水资源换得农业产量的增加，很难适应未来的干旱发展趋势和社会对农产品日益增长的需要。可见，干旱固然是农业生产的经常性威胁，然而降水资源的非充分利用乃是酿成旱灾更为直接的原因。

在水资源日益紧缺的条件下，需要充分发挥旱地农业技术的生产潜力，以保障粮食生产安全。旱地粮食作物的丰歉直接关系着本地区粮食的生产能力和保障能力。小麦是我国最重要的粮食作物之一，年产量占全国粮食总产量的20%以上，我国北方是小麦主要产区，旱地小麦面积很大。所以，利用有限的自然降水，提升旱地种植技术对确保旱地小麦产量的稳定提高具有重要意义。

通过多年的研究与探索，在北方旱区现有条件下，进一步发展旱作农业最有效的途径有：借助现代科技，全面提升传统旱作农业技术，促使降水资源化，提高降水利用效率，多种途径增进有限水分的生产潜力，改善生态环境，奠定旱区农业与农村经济可持续发展的基础。旱作农区节水农业技术是解决我国北方旱区水资源短缺和利用率低的重要措施，是确保粮食安全、实施新时期农村经济发展战略的基本要求，是发展北方旱区特色农业、促进农业结构调整的重要途径，是北方旱区生态环境建设的重要前提，是解决北方旱区贫困、增加民族团结的重要保障。

第五节　国外旱作农业发展概况

近半个世纪以来，世界各国都十分重视对旱作农业的研究、开发，创造了成熟的模式，积累了成功经验，在发展农业和改善环境中取得了显著成效，在推动世界旱作节水农业的发展过程中，产生了重要影响。

美国中西部大平原基本上属于半干旱农业区，近70年来，形成了由多耕到少耕、免耕，由表层松土覆盖到残茬秸秆覆盖，由机械耕作除草到化学除草，逐步提高保土、保肥、保水效果和农业产量的技术模式，耕作次数由1930年的7～10次减少到1次或免耕。休闲地土壤蓄水由102毫米增加到183毫米，蓄水量从占休闲期降水量的19%提高到40%。小麦产量由1.07吨/公顷提高到2.69吨/公顷。解决了大平原的土壤风蚀、土壤培肥与增产问题。截至目前，美国已有60%的耕地实行了保护性耕作。

澳大利亚南部半干旱地区的主要传统作物是小麦，1870年以前小麦平均产量为860千克/公顷，1890年下降为490千克/公顷。之后采取小麦＋休闲耕作制，并开始使用磷肥，产量得以回升。但土壤有机质的过度消耗，土壤结构破坏，侵蚀严重，到了20世纪40年代中期，采取了豆科牧草与农作物的轮作制试验，1960年开始大力推广，上述两项措施挽救了澳大利亚的农业。既遏制住了旱地退化、沙化的态势，又确保了土壤基础地力的可持续改进，其经验可归结为：将土壤肥力的维持作为旱作农业的核心问题来解决。

印度也是一个缺水的国家，雨量分布不均，集水种植是印度旱作技术的重要组成部分，主要在降水量少的地区采用。一是利用蓄水池收集田间降水；二是利用田内集水；三是发展微型集水区，类似我国的沟垄种植，作物种在沟里，取得了较好的效果。

以色列是世界上土地资源最为贫瘠、水资源十分缺乏的国家之一，同时也是世界上节水技术最高超、旱作农业最发达的国家之一。以色列于1964年开始实施北水南调工程，将北部的水一直输送到南部的干旱沙漠地区，形成覆盖全国的供水网络，现已建成7 000多千米的管道系统，其输水效率居世界之首，高达90%以上。同时，以色列实行高效滴灌技术，主要种植蔬菜、水果、花卉等经济价值高、出口创汇能力强的作物，每亩收益可达1万～5万美元。同时，采取污水资源利用与微咸水灌溉等措施。

第二章　旱地小麦秸秆还田研究现状

第一节　保护性耕作技术

一、保护性耕作技术概念

保护性耕作技术（conservation tillage）是对农田实行免耕、少耕，尽可能减少土壤耕作，并用作物秸秆、残茬覆盖地表，减少土壤风蚀、水蚀、降低蒸发，提高土壤肥力和抗旱能力的一项先进农业耕作技术。保护性耕作20世纪30年代起源于美国，主要为治理土壤沙化和防止土壤流失而研究的土地保护性耕作措施，该技术通过少耕、免耕并结合化学除草剂等措施的相互应用，不仅可以使土壤免受风雨侵蚀，还可以起到保水保肥的作用。保护性耕作主要建立在大型机械化的基础之上，对土壤的人为搅动较小，因此有利于保持土壤的原状和稳定性。近年来，开展的很多保护性耕作研究表明，此技术对作物增产、土壤养分增加、维持生态平衡都有重要的作用，被认为是农业可持续发展的一项重要措施。

保护性耕作作为一项先进的现代农耕技术，已在全球70多个国家推广应用，应用面积已近2亿公顷，约占世界总耕地面积的12%，保护性耕作中的秸秆还田可有效提高自然降水利用率和土壤肥力，获得良好的生态效益和社会效益。一方面，通过秸秆还田的方式可充分利用土壤水库蓄纳降水和减少土壤表层水分的非生产性损失，从而降低土壤水分的无效蒸发，为小麦生长提供可观的水分。另一方面，秸秆还田可明显降低土壤容重，增加土壤的通透性，可大量减少地表径流的产生次数和径流中的沉淀物，较好地维持土壤肥力，秸秆本身含有一定的养分和较多的有机质，并且还有大量的氮、磷、钾等营养元素，经过土壤微生物的分解可明显提高土壤肥力，并且秸秆还田为土壤微生物提供大量的能源物质，也使各类微生物数量和酶活性相应地增加，秸秆经过微生物分解后产生的纤维素、木质素和腐殖酸等胶体物质，促使土壤形成团粒结构，从而增加土壤中水、肥、气、热的协调能力，提高土壤蓄水保墒能力。达到减少农业环境面源污染、降低农业生产成本、提高农业水肥利用率和农产品品质的目的。

二、保护性耕作技术主要技术内容

保护性耕作主要包括4项技术内容。一是改革铧式犁翻耕土壤的传统耕作方式，实行免耕或少耕。免耕就是除播种之外不进行任何耕作。少耕包括深松与表土耕作，深松即疏松深层土壤，基本上不破坏土壤结构和地面植被，可提高天然降水入渗率，增加土壤含水量。二是将30%以上的作物秸秆、残茬覆盖地表，在培肥地力的同时，用秸秆盖土，根茬固土，保护土壤，减少风蚀、水蚀和水分无效蒸发，提高天然降水利用率。三是采用免耕播种，在有残茬覆盖的地表进行开沟、播种、施肥、施药、覆土镇压复式作业，简化工序，减少机械进地次数，降低成本。四是改翻耕控制杂草为喷洒除草剂或机械表土作业控制杂草。杂草是秸秆还田处理后期必须面对的管理问题，除草剂喷施应在小麦拔节前期进行，并控制好农药浓度。

保护性耕作是我国北方干旱地区蓄水保墒非常重要的耕作方式，前人多从土壤养分及土壤生理生化机制上对保护性耕作技术进行研究，本研究从不同耕作方式及秸秆还田处理土壤理化指标、小麦生理指标、光合指标和产量指标等方面进行研究，对土壤和小麦植株各项指标进行研究，得出详细数据并进行分析，探讨保护性耕作节水保墒和促进小麦生长生理机制，以期为缓解北方干旱现状，促进小麦增产提供一定的理论和数据支持。

保护性耕作在美国、加拿大、澳大利亚等农业发达国家已经成为基本的农业耕作措施和制度。1995年统计，全美1.13×10^{8}公顷粮田面积中保护性耕作和少耕已占60%以上，90%的土地已取消铧式犁耕作，Derpsch估计，95%的免耕地在美洲，其中北美洲为51%，南美洲为44%。澳大利亚也于20世纪70年代试验成功并进一步推广保护性耕作，英国的玉米栽培已有一半面积采用几年不翻的免耕法。加拿大为了保证免耕法的实施，制定了废除铧式犁的法律，日本、伊朗、菲律宾等国家也以立法的形式推广免耕法。

我国华北地区也总结形成了自有的种植模式，实施程序包括麦收→低留茬秸秆粉碎覆盖地表→深松或少耕（少耕可在免耕播种机之前加浅层旋耕设施实现）→免耕施肥（缓释肥）一体联合播种机精量播种玉米→玉米收获（采用玉米联合收获机，在收获玉米的同时，进行玉米秸秆粉碎）→粉碎秸秆根茬覆盖地表→免耕施肥联合播种机精量播种小麦→粉碎的玉米秸秆和小麦覆盖（部分还田）农田越冬。

第二节　作物秸秆还田技术

一、作物秸秆还田概况

农作物秸秆是重要的农副产品，以前是农村的主要“生活能源”，但是随着时代的进步，秸秆渐渐被石化能源以及天然气等取代，尤其是随着粮食作物产量逐渐升高，秸秆的剩余量越来越多。到20世纪90年代初期，秸秆问题格外突出，并且引起了社会各界的重视；90年代中后期，中国农业机械学会、中国农业机械学会农业机械化分会、农业部和科技部多次召开秸秆还田经验交流会，有效地促进了秸秆还田工作开展，使得秸秆还田面积逐年扩大。

在小麦-玉米轮作中，种植小麦之前玉米秸秆的处理一直是一个很大问题，焚烧是目前大部分地区解决秸秆的主要方法。但是，焚烧秸秆会产生大量的氮氧化物，农业生产中平均每年产生170万～480万吨一氧化二氮，自2005年《京都议定书》把一氧化二氮放在二氧化碳和甲烷之后，一氧化二氮需要严格控制。因此，需要建立一种栽培技术减少农业耕作造成的一氧化二氮释放。

近年来，我国农业发展遇到了水资源匮乏、土壤板结硬化、农业生产成本增加、作物秸秆焚烧污染等一系列问题，严重制约着我国农业生产的进一步发展。同时，随着城市规模的不断扩张和发展，传统的农业生产方式越来越滞后于我国农业综合发展的要求，国家越来越需要高效农业、生态农业、环保农业。加快保护性耕作技术的示范、推广，必将降低生产成本，增加农民收入，改善生态环境，大大提高我国农业可持续发展的能力。

二、作物秸秆还田意义

1. 减少水土流失，要求应用秸秆还田 传统的铧式犁耕作，加剧了干旱半干旱地区的水土流失和地表水分蒸发，长年施用化学肥料和传统耕作方式，又加剧了土壤板结，耕地土壤肥力以年均0.03%的速度递减。科学研究表明，大面积水土流失发生的原因，除林草资源匮乏、植被覆盖率低外，主要是大面积耕地长时期过度垦殖和裸露耕作。近年来，沙尘暴频繁侵袭我国北方地区，严重影响了工农业生产和城乡居民生活。农业传统的耕作方式，不能合理保护农田，干燥疏松、休闲裸露的表土成了沙尘天气的主要来源之一。传统耕作方式亟待改革。

2. 减少大气环境污染，必须发展秸秆还田 传统的农业种植方式，对玉米秸秆无法有效利用，大量作物秸秆被焚烧，既浪费了资源，又污染了环境。每年焚烧秸秆产生的烟雾，成为影响交通安全的重大隐患。所以，必须加强环境保护，努力减少大气污染。

3. 建设可持续性发展农业，应加快发展秸秆还田技术 示范推广秸秆还田技术，不仅实现人与自然和谐发展，而且是实现耕作制度的重大突破。既可保证农产品的品质，又可降低生产成本；既能发展生产，又能保护环境。秸秆还田技术在节本增效和可持续发展方面有明显的社会效益、经济效益和生态效益，与传统的耕作方式相比具有显著优势，大力推广实施秸秆还田，必将产生深远的影响。

由土壤侵蚀、荒漠化及盐碱化导致的耕地地力退化，严重威胁着我国农业生产和生态环境。为了阻止耕地地力持续下降和生态环境进一步恶化，土壤管理方式必须由传统的耕作方式转向秸秆还田培肥地力，秸秆还田成为改善土壤、发展可持续农业的必然选择。因此，保护性耕作成为国内外学者研究的热点课题。大量研究表明，保护性耕作技术具有保水保土、增产增收的效应，但多年实施秸秆还田存在的问题也不应忽视，如秸秆覆盖影响农机具的操作质量从而影响作物的田间出苗率。

研究证明，秸秆还田可以提高土壤含水量，增加地温，可有效防止小麦在越冬期由于无有效降雪而造成的冻死现象，还可以有效控制土壤侵蚀，减少劳动量，节省时间和能源，改善土壤耕性，增加土壤有机质，改善水和大气质量，增加土壤生物多样性。微生物在农业生态系统中具有重要作用，其中，分解土壤有机质和净化土壤等作用相当重要，而秸秆还田促进了微生物活动。面对近年来我国极端气候频繁出现，耕地水土流失严重、土地肥力持续下降以及生态环境恶化的严酷现实，通过回顾秸秆还田技术的发展历史和应用现状，总结耕作技术在保持水土和改善土壤性状上的价值，找出采用秸秆还田措施时应该注意的关键问题，如农机具等相关设备的配套、化学药剂除草和转变种植观念等，总结出适合我国国情的秸秆还田方式方法并加以推广应用，就显得格外迫切。

三、作物秸秆还田背景

农作物秸秆是一种含碳丰富的能源物质。我国作物秸秆资源非常丰富，每年生产秸秆约 6.4 亿吨，约占全世界秸秆总量的 30%，在 2010 年达到 7.26 亿吨，相当于标准煤 5 亿吨（张百良等，1999；熊伟，2010）。我国自古以来就有秸秆利用的历史，以前主要集中在燃料来源、过腹还田、堆沤制肥还田等方式上，随着化肥的广泛运用和人们生活水平的提高、机械化农业生产的普及，过去传统的秸秆利用方式已发生了很大所变，每年因抢时播种和节约人力，大量的农作物秸秆被焚烧，在污染环境的同时，破坏了土壤性质，造成了大量生物资源的浪费。每年约 1.16 亿吨秸秆被焚烧浪费（郑凤英等，2007；杭维琦，2000），江苏、浙江等省份有 50%左右的农业秸秆被遗弃或野外露天焚烧（曹国良等，2006）。据统计，秸秆除部分用作燃料、造纸、饲料外，大部分被焚烧，还田率仅 1/4（叶丽丽等，2010）。目前，我国秸秆综合利用率超过 88%（新华社，2023）。但同时应该看到，在秸秆利用方面还存在着地区利用不均衡、秸秆利用效率比较低等问题。一方面是由于种植户对于秸秆还田的思想认识还存在欠缺，认为秸秆还田影响下茬作物的出苗，不利于耕作；另一方面是由于秸秆还田相关技术和设备还不够完善成熟。近年来，随着人们对可持续农业生产力和环境保护认识的加强以及秸秆还田技术和设备的完善，秸秆还田面积迅速增加。

在我国北方小麦-玉米一年两作区，玉米秸秆在直接粉碎还田的过程中，忽视氮、磷等肥料的配合施用，造成秸秆分解慢和影响下茬作物生长，影响着秸秆还田技术的应用（周怀平等，2004）。作物秸秆施入土壤时，大量有机碳源的加入，会使土壤氮矿化/固持过程的强度和时间发生重大变化，从而影响土壤无机氮的动态变化（李贵桐等，2002）。研究认为，在大量秸秆还田的条件下，配施一定量的氮肥是必要的（张庆忠等，2005）。全量秸秆还田配施适量化学氮肥可以提高氮效率，增加产量（赵鹏等，2008）。张静等（2010）研究认为，随着秸秆还田量的增加，秸秆对土壤全氮消耗的缓冲效果先增后减。一般认为，秸秆还田后需要施入一定量的氮肥，用来调节碳氮比，加速秸秆腐解和满足作物需要（刘减珍等，1995；江晓东等，2005）。可见，秸秆还田过程中需要施入适量的氮肥，调节碳氮比和满足作物需求，实际生产上，过量地施用氮肥和施用过少已成为制约秸秆还田表现增产潜力的限制因子。

旱地小麦由于水肥运筹、作物生长特性等，而表现出与水浇地不同的生理生化反应，进而影响着产量形成。旱地秸秆还田也有着自身的特点，由于没有水浇条件，秸秆还田后对应的还田方式、耕作措施、肥料管理等也都与水浇地有差别，研究小麦在旱地秸秆还田下的生理生态响应，可有助于制定完善相应的旱地秸秆还田栽培管理措施，有利于农业可持续发展和高效生产。

前人对于小麦旱地秸秆还田的生理生态机制研究较少，对于秸秆还田旱地的氮肥施用还需进一步深入认识。目前，针对秸秆还田措施的研究已经涉及作物产量、土壤理化性状、秸秆残茬管理、微生物群落等多个方面。但很少有研究是关于秸秆还田量的。有研究认为，秸秆还田对小麦有明显的增产效应，但各项研究的增产幅度不同。也有研究发现，秸秆还田措施对产量影响不明显甚至有减产现象出现。前人研究均将各种秸秆还田技术措施作为一个整体研究对象，无法将不同秸秆还田措施的独立效应及交互效应区分开，这就限制了进一步探寻秸秆还田措施作用机理和可行性。屈会娟等（2011）从秸秆全量还田方面研究秸秆还田对小麦不同小穗位和粒位结实粒数与粒重的影响。田慎重等（2010）研究了不同耕作方式和秸秆还田对麦田土壤有机碳含量的影响。赵彩霞等（2004）采用的是秸秆半量还田、全量还田和倍量还田对作物生长的影响，这些秸秆还田方法存在盲目性以及氮肥施用的不合理性。通过对作物秸秆还田量、还田方式、肥料使用等方面的研究，探讨秸秆还田条件下麦田土壤理化性状、微生物量碳、氮素含量的变化以及土壤酶活性、产量形成等，可对旱地小麦秸秆还田综合技术提供有效的理论支撑。

第三节　秸秆还田下土壤理化性状研究现状

一、作物秸秆还田的积极意义

作物秸秆中的主要成分是纤维素和半纤维素，还有部分的蛋白质和木质素等物质。这些物质可以在一定微生物条件下分解转化为土壤有机质，可以与土壤中的酸类物质改变土壤的团粒，对土壤的理化性状产生影响。秸秆还田后，秸秆进行分解，一般分为两个过程。一部分通过微生物的分解，释放出二氧化碳和无机态氮，这个过程要消耗部分的氮素供给微生物活动；另一部分形成土壤微生物体和残体，然后经过进一步分解和转化，最终形成土壤腐殖质（图 2－1）。

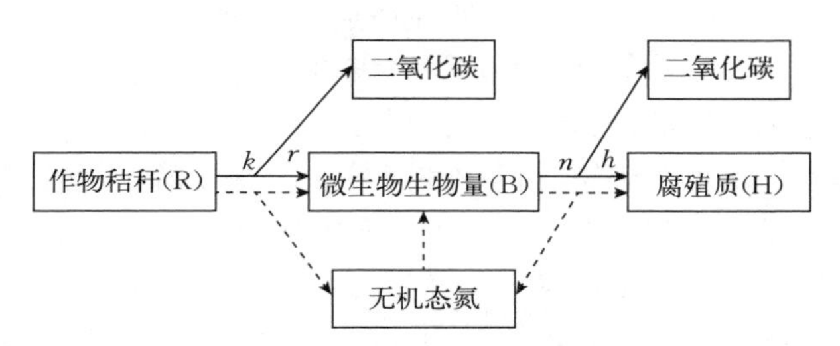

图 2－1　秸秆分解后碳和氮流向（实线为碳流，虚线为氮流）

秸秆在腐解过程中，受水分、温度等外界因素影响很大，同时对土壤环境造成一定影响。秸秆还田降低了地温，能提高土壤的持水能力。冬季覆盖秸秆具有提高土壤温度的作用，春季则有降低地温的作用，可推迟小麦生育期 3～7 天（陈素英等，2005）。在塔里木盆地绿洲区土壤进行的玉米秸秆不同覆盖处理（秸秆覆盖处理、立秆处理）试验表明，覆盖处理的 5 厘米土层温度最低，较常规处理的分别低 2.13 ℃和 1.79 ℃；15 厘米土层温度较常规处理的分别低 2.36 ℃和 1.90 ℃（张志贤等，2012）。粉碎氨化后的秸秆能显著增加土壤稳定入渗率、土壤累积入渗量，表现出较高的土壤持水能力（王珍、冯浩，2010）。而且有研究认为，免耕秸秆覆盖能较大程度上影响表层土壤水分含量，在作物的播种期减少土壤水分蒸发，且在生育时期，这种抑制蒸发的效果逐渐减弱（李玲玲等，2005）。深松耕秸秆还田能大幅度地提高土壤含水率，秸秆因素与耕作措施在土壤水分亏缺时影响土壤含水率和小麦产量方面均起重要作用（吕美蓉等，2010）。一些专家研究认为，不同的秸秆量处理蓄水保墒及增产效应明显（蔡太义等，2011；于晓蕾等，2007）。研究表明，秸秆还田与化肥配施对小麦总的耗水量影响不大，但能在很大程度上降低无效耗水，提高作物的水分利用效率（董勤各等，2010）。

秸秆还田可明显改善土壤的物理性状，使土壤容重下降，孔隙度增加，有机质含量升高，缓解土壤氮流失，提高土壤的供肥水平。容重和孔隙度深刻影响着土壤结构，也是肥、气、水和热等因素供应的重要影响因素，是很重要的土壤理化指标（C. J. Bronick，2004；劳秀荣等，2002）。洪春来等（2003）研究表明，秸秆全量还田两年后，有机质均有不同程度的增加，由原来的4.23%上升到4.38%～4.53%，而不还田对照下降了0.14%。在黄土高原有灌溉条件的地区，秸秆还田后可以增加土壤有机质，增加土壤微生物碳氮比，提高土壤供肥水平（张静等，2010）。刘巽浩等（2000）研究表明，连续多年秸秆还田可逐步增加土壤的有机质含量。通过大田试验对不同秸秆还田方式下黑土农田生态系统土壤氮素和物理性状进行研究，不同秸秆还田处理土壤容重降低0.09～0.19克/厘米^3，土壤比重增加19.82%～29.49%，土壤总孔隙度增加18.23%～22.26%，秸秆还田处理增加了土壤铵态氮和微生物量氮含量（赵伟等，2012）。李焕珍等（1990）研究表明，玉米秸秆还田后可以改善土壤的理化性状，增加土壤的通透性。对秸秆覆盖和地膜覆盖进行了对比研究，秸秆覆盖不同程度地增加了土壤有机质和速效氮、有效磷、速效钾等养分含量，秸秆和地膜覆盖都不同程度地增加了土壤三大种群微生物数量，但秸秆覆盖增加幅度大于地膜覆盖（卜玉山等，2006）。魏廷举等（1990）试验发现，秸秆还田3年后，土壤耕层容重降低0.2～0.19克/厘米^3，非毛管孔隙增加0.5%～3.0%，大于2毫米粒径的团粒增加202.9%，从而增强了土壤通透性，促进了有益生物活性增强等。秸秆还田使土壤的容重和坚实度降低，总孔隙度和非毛管孔隙度升高，同时提高土壤各层的有机质、全氮、有效磷、速效钾含量，深耕有利于培肥地力，增加土壤养分含量（李凤博等，2008）。在川中丘陵区土壤中的研究认为，秸秆覆盖可使土壤总孔隙度增加2.88%～5.76%，土壤容重降低1.86%～3.73%，改善了土壤通透性和保水保肥性，同时秸秆覆盖还田使土壤有机质、全氮、速效氮、有效磷、速效钾得到明显提高，从而培肥地力（吴婕等，2006）。很多研究均表明，采取秸秆覆盖措施后，可明显提高土壤有机质含量（Buondonno，2001；Caesar - TonThat T C，2008；Chan K Y，1998；M L Frank，1969；Jose Antonio Pascual Carlos Garcia，1999）。随着秸秆直接还田年份的增加，土壤有机质、碱解氮、有效磷和速效钾含量均明显提高，土壤物理性状明显改善，秸秆直接还田提高了土壤的有效铁含量，但对有效铜、有效锌和有效锰含量影响不大（李月华等，2005）。在稻田秸秆还田下，秸秆还田处理全土层有效磷含量增加较明显（朱利群等，2011）。对乌栅土及红壤性水稻土秸秆与化肥配合施用下，土壤全氮、全磷、有效磷和速效钾含量与不施肥处理相比显著提高；腐殖酸、胡敏酸与富里酸的比值均显著提高，表明土壤有机质品质得以改善（孙星等，2007）。在紫色丘陵区，秸秆还田促进土壤团粒结构形成，提高了土壤水稳性团聚体含量，从而改善了土壤通透性和保水保肥性（陈尚洪等，2006）。

秸秆还田可提高土壤生物活性，土壤中的蔗糖酶、脲酶和过氧化氢酶等酶的活性增加（季立声等，1992），对细菌、真菌和放线菌生物数量增减有不同的看法。研究表明，土壤磷酸酶、脲酶、转化酶活性等均可以作为土壤管理系统效果和土壤质量的重要指标（Dick R P，1994；Bandick A K，1999；Martems D A，1992）。韩新忠等（2012）研究认为，50%秸秆还田处理对微生物量碳、氮的提高作用最明显，分别较对照提高 46.0%和 90.0%；秸秆还田显著提高了土壤脲酶活性、土壤过氧化氢酶活性和蔗糖酶活性。秸秆还田和应用微生物菌剂后土壤纤维素酶、转化酶、脲酶和多酚氧化酶活性升高，土壤微生物群体增大，土壤生物缓冲性增强（金海洋等，2006）。曾广骥（1988）研究表明，秸秆还田后 0～20 厘米耕层中细菌数和真菌数分别比不还田增加 142.9%和 115.0%。秸秆还田后土壤中转化酶活性明显提高。秸秆倍量还田均能增大土壤微生物量，全量和倍量处理间没有明显差异（强学彩等，2004）。甄丽莎等（2012）也认为，秸秆还田配合施用氮肥处理的土壤蔗糖酶活性和脲酶活性增高，蔗糖酶活性最大值为对照的 1.36 倍，脲酶活性最大值比对照提高了 9.15%。在棉田长期连作与秸秆还田条件下，土壤生物性状趋于好转，生物多样性指数增加，细菌、放线菌数量增加，真菌所占比例下降，土壤中过氧化氢酶、蔗糖酶活性增加，淀粉酶活性在短期内上升（刘建国等，2008）。而卜玉山等（2006）认为，秸秆覆盖增加了土壤三大种群微生物数量。王茄等（1994）研究认为，秸秆腐解产生的腐殖质酸调节了土壤酸碱性，有利于真菌生存，0～10 厘米土层真菌数量增加 141.90%，放线菌、细菌和固氮菌也分别增加了 47.8%、50.7%和 19.8%。这可能与秸秆还田的方式以及连续还田时间长短有一定关系。

二、秸秆还田对土壤理化性状的影响

提高土壤肥力是农业生产中的一项重要任务，而将作物秸秆和根茬等残体还田则是土壤有机培肥的重要措施。秸秆还田后，随着秸秆的分解，促进了土壤微粒的团聚作用，同时改善土壤结构和水、肥、气、热状况。长期以来，农学研究者们认为，作物残体等有机物只有充分腐解才易施入土壤，而今研究为直接向土壤施用未腐解作物残体提供了技术条件。同时，实践证明作物残体直接还田具有成本低、省劳力、肥源广、可就地取材等优点。因此，近年来，广大学者不断研究作物秸秆直接还田培肥土壤的技术。

关于秸秆还田培肥土壤的研究，大量报道的是作物残体对作物生育及产量影响，其中以对稻草、玉米秸秆和根茬培肥效果的研究居多。上海地区

1979—1992年定点试验结果表明，长期秸秆还田土壤容重明显降低，可达到6.8%。玉米秸秆中还有大量有机碳、钾、氮、磷、硅、镁、钙和微量元素，还田后能有效增加土壤养分：秸秆还田100千克秸秆就可增加有机质15千克，还田玉米秸秆18.75吨/(公顷·年)，则相当于土壤施入碳酸氢铵281.25千克、过磷酸钙150千克和硫酸钾104.75千克，同时可补充作物生长发育所需的其他各种营养元素。研究发现，连续3年秸秆还田后的土壤有机质比不还田平均年增加0.02%～0.039%，秸秆还田连续8年后农田土壤有机质含量提高0.2%。吴崇海（1996）通过小麦不同留茬试验，发现留茬处理的土壤交换量提高0.015～0.023摩尔/千克，总空隙度增加5.6%～7.4%。顾志权等（2006）研究指出，秸秆全量还田后速效钾有增加的趋势。秸秆覆盖全量还田土壤速效钾含量明显提高。逄焕成等（1999）通过试验发现，秸秆还田处理夏闲末2厘米土层可比不覆盖多蓄降水41.9毫米，小麦增产19.3%。王兆伟等（2010）通过秸秆覆盖发现，随着秸秆覆盖量的增加，对土壤蒸发的抑制效果就越明显。作物秸秆的施用，使土壤中氮、磷、钾元素和微量元素显著增加。机理在于秸秆本身含有一定量的氮、磷、钾及各种微量元素，作物残体的施用必然增加土壤中相应养分的储量；秸秆在土壤养分中所起到的作用大小，一方面取决于进入土壤中有机残体的数量，另一方面取决于其中的养分含量；秸秆分解产生的有机酸等中间产物，也可以使土壤中一些养分的有效性增加，秸秆还田还会引起土壤的一系列变化，这些变化包括土壤的氧化还原状况、pH、电导率和养分的转化。产生这些化学变化的直接原因是有机物的分解及其中间产物的生成。由此说明，秸秆还田后对土壤理化性状有很大改善，可明显提高土壤营养状况。

三、秸秆还田对土壤生物性状的影响

秸秆还田经过分解后土壤微生物以及土壤酶活性显著提高，从而加速了土壤矿质养分和土壤有机质养分的分解利用，秸秆还田同时为土壤微生物的生命活动提供了丰富的能源物质，所以在微生物活动下秸秆不断进行腐解，形成良性循环。土壤微生物量既是土壤养分循环的动力，还是土壤中植物有效养分的储备库。张静等（2010）发现，秸秆还田可以增加土壤有机质和缓解氮的流失，提高微生物量碳、氮的固持和供给效果，提高土壤供肥水平。卜洪震（2010）发现，施用有机肥和作物秸秆还田，一方面增加了土壤的根茬量，另一方面为土壤投入了大量的有机物，相应地促进了土壤微生物的活性。这与Böhme L的研究也十分相似。土壤呼吸是土壤有机碳含量长期变化情况的短期表现因子。土壤呼吸可以使作物灌层二氧化碳的浓度梯度发生改变，为作物底层供给更多的光合原料，而且还可以表征土壤微生物活性、土壤质量、土壤肥力以及土壤透气性等土壤理化性状的指标，可以较为客观地反映出农田生态系统对其环境的胁迫敏感度。张宇（2009）发现，秸秆还田可以显著增加土壤二氧化碳的排放量，并且耕作初期秸秆还田条件下二氧化碳排放量显著增加。陈述悦等（2004）通过研究得出，秸秆还田的土壤呼吸作用明显高于不还田，而且5厘米地温同土壤呼吸的相关性最好。

土壤酶活性能够全面反映土壤生物学肥力的质量变化，土壤化学性质是常用的表征土壤生产力和质量的指标。秸秆还田后可以提高土壤的蛋白酶、磷酸酶、脱氢酶和脲酶等多种酶的活性。土壤脲酶对土壤和肥料中的氮素转化起着非常重要的作用，与土壤肥力关系十分密切，脲酶含量的多少与土壤中潜在养分的转化速率有着直接关系，土壤脲酶活性与全氮、速效氮成极显著正相关。赵鹏（2010）研究发现，秸秆还田后可明显提高小麦生育前期以及后期土壤脲酶活性，为土壤提供较多的氮肥。马欣等（2012）研究也发现，加入秸秆使土壤脲酶活性显著升高，并且可同步提高蔗糖酶活性，但是酶活性随着时间的延长逐渐降低。徐国伟等（2009）经过试验发现，秸秆还田后水稻生长季中土壤脲酶活性表现出先升后降，过氧化氢酶活性同样表现出了先升后降的趋势变化，而碱性磷酸酶活性则表现出双峰曲线的变化规律。刘建国（2008）经过试验发现，土壤脲酶、过氧化氢酶、转化酶、蛋白酶和中性磷酸酶活性随着连作年限增加呈现先下降后上升的趋势。路文涛（2011）经过研究发现，经过3年秸秆还田，不仅使得土壤微生物数量增加，还使土壤脲酶、碱性磷酸酶、过氧化氢酶和蔗糖酶活性得到显著提高。颜丽等（2004）通过试验证明，玉米秸秆可使土壤中一些酶的活性提高1倍以上。

第四节　秸秆还田下小麦衰老特性研究现状

一、小麦衰老形态指标变化

小麦在整个生育期经历着从幼年到成熟再到衰老的发育变化。对小麦衰老的研究大多是集中在花后灌浆期旗叶衰老的过程，因为叶片颜色、生理指标的变化是衰老最明显的标志，同时小麦籽粒干物质70%以上是在抽穗开花后形成的，其中近1/3是由旗叶供给，而小麦功能叶功能期的长短对籽粒产量也有着非常重要的作用。秸秆还田对小麦衰老有着较大的影响，可增加叶绿素含量，提高小麦清除氧自由基的能力，延缓小麦在灌浆期的衰老进程。旗叶在衰老过程中，叶绿素的逐渐丧失是比较明显的特征。较多的研究表明，适量的秸秆还田有利于提高叶绿素含量，减缓叶绿素降解（马林等，2007；郑伟等，2009）。而在风沙性碳酸盐草甸土土壤上的秸秆还田研究表明，秸秆还田能增强植株抗倒伏能力，叶面积指数显著提高（王宁等，2007）。在减少化肥施用的情况下，秸秆还田全生育期叶片叶绿素含量与常规施肥处理相似（沈亚强等，2011）。秸秆还田配施氮肥与单施氮肥比较，小麦叶绿素含量和干物质累积量均较高，根系活力较强（孟会生等，2012）。

二、衰老生理指标变化

叶片在衰老过程中，细胞内蛋白质的水解伴随着游离氨基酸的增加。在水解过程中，叶中丧失的主要是可溶性蛋白，认为与可溶性蛋白中的 RuBPcase 有关（刘道宏，1983）。而这是光合作用的关键酶之一（靳奇峰等，2003）。前人大量的研究结果也表明，小麦叶的衰老与活性氧在植株体内增加、活性氧清除系统清除活性氧的能力降低而使细胞膜结构破坏有关。超氧化物阴离子自由基（O^{2-}）在超氧化物歧化酶（SOD）的作用下生成分子态氧和过氧化氢，然后在过氧化氢酶、过氧化物酶等的共同作用下进一步分解。丙二醛是膜脂过氧化的产物，Culter（1984）认为，小麦叶片丙二醛的积累速率可代表组织中总的清除自由基能力的大小，这些指标可以在一定程度上指示小麦旗叶衰老的程度。对于秸秆还田下小麦旗叶衰老相关指标的研究较少，但相关研究均表明，秸秆还田在一定程度上延缓着叶片的衰老，在低肥条件随秸秆还田量增加小麦旗叶超氧化物歧化酶活性增加，适量的秸秆还田对旗叶自然衰老后期过氧化物酶活性有抑制作用，尤其在灌浆中前期旗叶过氧化物酶活性保持较稳定的水平（郑伟等，2009）。高茂盛等（2007）研究也认为，秸秆还田可明显减缓小麦植株衰老过程中叶片叶绿素的降解和光合速率下降，并有效调节叶片超氧化物歧化酶和过氧化物酶活性的下降、可溶性蛋白质含量的下降以及丙二醛含量的增加，延缓了小麦生育后期叶片的衰老。通过对秸秆还田和不还田的对比研究表明，秸秆还田处理的小麦旗叶超氧化物歧化酶活性、可溶性蛋白含量均比未还田的高，而过氧化物酶活性、丙二醛含量均比未还田处理的低（李国清等，2012）。小麦叶片的衰老是一个复杂的生理过程，但对衰老的研究尤其是防止早衰发生的研究，对生产上作物产量提高有着至关重要的意义。

第五节　秸秆还田下小麦光合特性研究现状

作物产量形成的有机物直接或间接来自光合产物，光合作用是作物产量形成的基础。植物干物质的90%以上来自光合作用，虽然光合能力的强弱在很大程度上是受到品种的遗传特性影响，但是适宜的外部条件会促使其光合潜力的发挥。叶片光合色素是叶片光合作用的物质基础，其含量的多少与叶片光合强度密切相关，叶绿素含量的高低在很大程度上就能反映植株的光合能力，而光合能力的高低又与产量密切相关。所以，研究小麦光合作用对提高小麦产量具有重要意义。

一、秸秆还田下小麦光合特性变化

光合作用是植物极为重要的代谢过程，它固定太阳能，将无机物转化为有机物，是地球上最重要的化学反应，也是植物对环境因子最敏感的生理过程之一，它的强弱对植物的生长发育、产量形成都有着非常重要的影响，所以光合生理对某一环境因子的适应性能反映植物的生存能力（潘瑞炽，2004）。水分、二氧化碳、光照、温度、耕作等措施对作物光合性能均有重要的影响（王振华等，2007；陈维，2008；赵丽英等，2005）。秸秆还田后会引起土壤一系列理化性状的改变，这种改变影响作物生长的外环境，进而影响作物的生长发育进程，对作物的光合特性有显著的影响。一般认为，适量的秸秆还田能增加叶片的叶绿素含量，显著提高作物叶片的光合性能。Singh 等（2009）认为，秸秆覆盖能够提高作物光合生产能力。但 Ferrini 等（2008）指出，覆盖措施对植物叶绿素荧光基本无影响。在对小麦-玉米一年两熟区研究了常规耕作、深松耕、耙耕、旋耕、免耕条件下的秸秆还田与不还田的对比，在试验耕作条件下，光合速率、荧光动力学参数的单独效应表现为秸秆还田大于秸秆不还田，免耕与秸秆还田的交互效应最高（吕美蓉等，2008）。

对秸秆还田条件下小麦光合速率的研究已经早有报道。刘阳（2008）通过田间试验发现，玉米秸秆还田 9 000 千克/公顷可显著抑制接茬小麦灌浆中后期旗叶叶绿素分解，有效抑制灌浆期旗叶光合速率的下降，而过量的秸秆还田加速了光合色素的降解，产量降低。高飞等（2011）研究发现，秸秆还田处理光合速率明显高于对照处理，蒸腾速率可提高 2.08 微摩尔/(米^2・秒)。

不同地区的研究均表明，秸秆还田可增加作物的光合能力。对渭北旱塬地区玉米不同秸秆覆盖量的试验结果表明，各覆盖量处理春玉米叶片群体净光合速率、蒸腾速率和气孔导度表现出协同变化趋势，随覆盖量的递增，净光合速率、蒸腾速率、气孔导度、叶片水分利用效率（WUE 瞬时）、PSⅡ潜在活性、PSⅡ最大光化学效率和光化学淬灭系数呈依次升高趋势，不同量秸秆覆盖措施均能改善春玉米不同生育时期光合特性（蔡太义等，2012）。在宁夏宁南半干旱区对 3 个小麦秸秆还田量和 3 个玉米秸秆还田量水平进行了研究，高、中、低 3 个秸秆还田量处理的叶片光合速率分别显著高出对照 6.52 微摩尔/(米^2・秒)、3.74 微摩尔/(米^2・秒)、3.20 微摩尔/(米^2・秒)，蒸腾速率分别高出对照 2.08 微摩尔/(米^2・秒)、1.63 微摩尔/(米^2・秒)、0.72 微摩尔/(米^2・秒)。玉米水分利用效率（WUE）较对照分别提高 38.5%、31%和 0.9%（高飞等，2011）。在辽西半干旱区，秸秆还田处理能提高玉米净光合速率，提高幅度为0.94%～52.04%，以粉碎秸秆1 600千克/667米^{2}处理玉米净光合速率最为显著（徐萌等，2012）。黑龙江省西部半干旱农区，应用保护性耕作技术能显著提高大豆叶片的净光合速率、产量及水分利用效率，结荚期的净光合速率要比常规耕作高出17.88%～50.11%（魏永霞等，2009）。在豫西丘陵旱作条件下，对少耕、免耕覆盖、深松覆盖、一年两熟和传统耕作5种耕作模式进行研究，免耕覆盖和深松覆盖灌浆中后期小麦旗叶叶绿素和类胡萝卜素含量明显高于传统耕作，且有较高的叶绿素a与叶绿素b的比值和叶绿素与类胡萝卜素的比值；开花期免耕覆盖和深松覆盖光化学淬灭系数、非光化学淬灭系数及光化学效率值较传统耕作高，光抑制程度较传统耕作小；灌浆中期免耕覆盖和深松覆盖净光合速率略低于传统耕作，但差异不显著（李友军等，2006）。在山东胶东地区旱地保护性耕作试验结果表明，秸秆还田小麦花后叶面积指数及旗叶叶绿素含量和光合速率明显高于传统耕作，且高值持续时间长，有利于光合功能期延长，增强了籽粒灌浆速率，以还田深松免耕处理最好（王靖等，2009）。

二、秸秆还田量与还田方式对作物光合能力的影响

不同的还田量与方式均在一定程度上影响着作物光合能力。有学者对不同玉米秸秆还田量进行了研究，认为适当增加秸秆覆盖量有助于提高作物群体的光合速率，降低蒸腾速率（李玉华等，2009）。在深松与秸秆覆盖处理下玉米穗位叶能够维持较高光合速率，提高最大光化学效率、实际光化学效率和光化学淬灭，降低非光化学淬灭，深松覆盖最终玉米产量比深松不盖、免耕覆盖、免耕不盖分别提高6.08%、11.51%、21.10%，差异达到显著水平（郭书亚等，2012）。对小麦秸秆全量粉碎覆盖还田和玉米秸秆全量粉碎翻埋还田下的研究表明，小麦玉米秸秆连续全量还田提高了小麦的成穗数、群体干物质积累，同时也提高了叶片光合性能及群体的光合生产效率，而且玉米秸秆单季还田的增加效应高于小麦单季秸秆全量还田（沈学善等，2012）。在玉米秸秆还田9 000千克/公顷条件下可显著抑制接茬小麦灌浆中后期旗叶叶绿素的降解，提高小麦灌浆中后期旗叶叶绿素a与叶绿素b的比值，有效抑制灌浆期旗叶光合速率的下降，但秸秆还田15 000千克/公顷时反而加速了光合色素的降解，小麦光合速率下降，引起产量降低（刘阳等，2008）。在相同施肥条件下，对秸秆覆盖和薄膜覆膜对玉米的研究表明，其均能促进玉米生长发育，增加玉米叶绿素含量和光合特性，并增强了硝酸还原酶活性和根系活力（远红伟等，2007）。付国占等（2005）研究表明，残茬覆盖结合深松耕作具有良好效果，其夏玉米叶面积指数、叶片光合速率显著高于不覆盖免耕。对棉花长期连作下的秸秆还田与非秸秆还田条件下的光合研究表明，秸秆还田能增强棉花植

株光合性能，能在一定程度上缓解长期连作给棉花带来的负面影响，但不能从根本上消除连作障碍（唐志敏等，2012）。对菘蓝的研究也表明，免耕覆盖有利于叶绿素a和叶绿素b形成，保护酶活性较高，延缓了生育后期叶绿素a降解，从而提高了净光合速率（杨江山等，2010）。秸秆还田增加了水稻叶片中有机酸含量，增大了田间昼夜温湿度差；秸秆还田和氮处理提高了茎蘖成穗率与三磷酸腺苷酶活性，增加了结实期叶片光合速率以及根系活力，有利于直播水稻生育后期群体的光合生产（徐国伟等，2009）。利用稻田长期施肥制度定位试验，秸秆有机物还田能显著促进水稻分蘖、提高有效穗数和叶面积指数，进而提高了水稻的光合能力（王卫等，2010）。盛海君等（2004）认为，旱作水稻半腐解秸秆覆盖的光合能力高于裸地旱作。在降水量为440毫米条件下，半腐解秸秆覆盖旱作水稻生育前期植株个体生长受到一定抑制，但生育中后期有利于水稻植株的生长发育，使其叶面积增大，光合功能增强。

第六节　秸秆还田配施氮肥的生理生态研究现状

一、秸秆还田配施氮肥下土壤性质及养分吸收利用

氮素是作物生长发育必需的营养元素，是作物增产的主要肥料因子，据报道，氮肥对世界粮食增产贡献率为40%～60%（张文香等，2005；叶全宝等，2005）。但氮肥用量并不与作物产量一直成正比，过量的施用氮肥并不能增加产量，除了被作物吸收掉一部分外，其余的通过淋溶、固定等途径损失掉，而且过多的氮肥会导致作物贪青晚熟、倒伏等，而导致吸收的氮并不能有效地转运到籽粒中，氮素利用率降低。秸秆还田后，引起土壤中碳氮比的改变，一般认为，秸秆还田后需要加无机氮，调整土壤的碳氮比，满足土壤微生物分解秸秆和作物生长的需要，但过多或过少施氮均会影响土壤的理化性状，进而影响作物生长发育（汪军等，2009；吴萍萍等，2008；彭少兵等，2002）。秸秆还田配施氮肥能增加土壤呼吸通量，且随施氮量的增加，土壤呼吸通量也增加（张庆忠等，2005）。秸秆还田和单施氮肥均能增加土壤微生物数量，但配合施用更能显著增加土壤微生物的数量和活性。小麦生长季进行覆草栽培，能分别增加休闲期小麦残留根系根区土壤中的细菌、真菌、固氮菌数量，改变休闲地土壤中的微生物组成（张红娟等，2010）。施氮可调节小麦收获后残留根系周围的碳氮比，明显增加休闲期间某些土壤微生物种群的数量。许仁良等（2010）认为，秸秆还田、施用有机肥和氮肥中的单一措施均能不同程度地增加水稻土壤细菌、真菌、放线菌的数量，但这些措施的协同更能增加土壤微生物数量，提高土壤微生物量氮和有机质含量。在不同的秸秆还田量与氮肥水平

下，秸秆配施氮肥耕层土壤中性磷酸酶、脲酶、转化酶和过氧化氢酶活性以及有机质和全氮质量分数均表现为随着玉米秸秆还田量的增加而提高（高金虎等，2012）。通过玉米秸秆全量粉碎还田及小麦秸秆还田的定位试验研究，单独施肥或秸秆还田对提高土壤微生物量氮均有一定的作用，但是在生育后期的效果不明显，秸秆还田结合氮供应可以显著增加土壤微生物的活动，增加土壤微生物量氮含量（王磊等，2012）。

在一定范围内，与单一措施相比，秸秆还田与氮肥有交互效应，更能显著增加土壤中氮肥利用率，提高氮收获指数。田间定位试验研究了秸秆覆盖条件下施氮量对小麦氮素吸收利用及土壤硝态氮的残留影响，结果表明秸秆覆盖对小麦吸氮量没有显著影响，但是在比较干旱的时期，秸秆覆盖有利于提高氮肥的利用效率。当施氮量小于等于 150 千克/公顷时，对土壤硝态氮残留量均没有显著影响；当施氮量高于 150 千克/公顷时，土壤硝态氮残留量则显著增加（张月霞等，2009）。氮肥与秸秆配合施用，可降低田面水和渗漏水中的氮、磷浓度，改善肥料利用效率（汪军等，2010）。对华北潮土区^{15}N 标记氮肥和^{15}N 标记玉米秸秆的双标记研究，氮肥配施玉米秸秆使氮肥回收率下降 9.6%～15.7%，土壤残留率增加 12.2%～16.4%（单鹤翔等，2012）。厩肥与化肥配施能增加氮肥利用率，有机肥与化肥长期配施在协调土壤氮素供应、提高作物产量及氮肥利用率方面具有突出作用，但秸秆与尿素配施降低了当季小麦对施入氮素的吸收利用，小麦收获时土壤有 79%～88%施入的氮素未被吸收利用（梁斌等，2012）。但有研究表明，秸秆还田配施同量氮肥与单施氮肥相比，氮收获指数提高了 1.9%～5.6%。对水稻田麦秸还田与氮肥管理的研究也表明，秸秆还田和实地氮肥管理可以提高水稻氮、磷、钾的吸收利用效率。增加抽穗期非结构性碳水化合物，减少成熟期茎鞘中非结构性碳水化合物含量的残留，促进同化物向籽粒的运转。所以，秸秆还田并采用氮肥的合理运筹是实现水稻高产、维持土壤氮素平衡的有效措施（徐国伟等，2007、2008；李勇等，2010）。在高肥力种植烟草土壤上的研究也表明，不同施氮水平下加秸秆处理可明显提高土壤 0.25～10 毫米水稳性团粒数量，降低小于 0.25 毫米小团粒数量，显著增加土壤水分含量和钾含量（付丽波等，2004）。在烤烟生产中施用高碳氮比小麦秸秆，既要注意补充氮素调节碳氮比，也要考虑磷素的补充（段宗颜等，2010）。汪军等（2010）在分析了秸秆还田与氮肥用量下土壤有机质、全氮等因子后认为，单秸秆还田增加了土壤的有机质、全氮、碱解氮、磷、钾的含量，秸秆与氮肥的交互作用更能显著提高土壤中有机质和全氮的含量。化肥和秸秆配合施用可以促进红壤水稻土氮素的积累，其主要影响 0～20 厘米土层（马力等，2011）。秸秆还田与氮肥还能显著影响农田二氧化碳和二氧化氮的排放，秸秆还田与不还田相比二氧化碳排放通量相差不大，但秸秆还田配施氮肥提高了农田土壤二氧化碳的排放通量（潘志勇等，2006），降低了土壤二氧化氮的排放（潘志勇等，2004）。

二、秸秆还田配施氮肥下作物生理响应及产量变化

作物秸秆还田改变了土壤的理化性状，影响了植株生长的小气候环境，进而影响作物的生长发育，产生一系列的生理响应，而氮肥配施促进了秸秆的腐解，引起土壤中营养元素和微生物等环境的改变，也在一定程度上影响着产量和品质形成。在一定范围内，秸秆还田与配施氮肥能促进作物根系发育，地上部生物量增加，但对作物产量和品质的影响，不同的专家有不同看法。有的专家认为对作物产量有显著影响，可增加产量；而有的专家认为对产量的影响不显著，降低了作物品质。在小麦、玉米、水稻等作物上的研究各不相同。单鹤翔等（2012）在对华北潮土区^{15}N标记研究后认为，在相同氮肥用量和土壤肥力条件下，氮肥配施玉米秸秆对小麦产量影响不显著。在寒地稻草还田下，不同还田量处理产量、穗数和千粒重均未达到显著水平，提高了籽粒蛋白含量和直链淀粉含量，但降低了食味品质（单提波等，2010）。随施氮量的增加，水稻单位面积穗数增加，结实率和千粒重降低，生育期推迟，后期纹枯病呈加重趋势（朱从海等，2011）。高产条件下，短期（2年）秸秆还田对小麦、玉米增产效果不显著，但可以提高小麦籽粒蛋白质含量，延长面团稳定时间，改善加工品质（江晓东等，2010）。

很多研究也表明，秸秆还田配施氮肥增加了作物产量，改善了品质。小麦秸秆还田配施化学氮肥，比单用秸秆还田或单施化学肥料增产作用显著（蒋新和等，1998）。与单施氮肥相比，秸秆还田配施氮肥的小麦植株氮素含量和干物质积累均呈“前低后高”（以抽穗为界）的趋势，这种变化动态有利于提高产量，增加籽粒粗蛋白质含量（赵鹏等，2008）。施氮肥对小麦生长发育和产量的效应最明显，单独覆盖秸秆或补充灌水基本无效甚至出现副作用（翟军海等，2004）。补充灌溉、施氮肥和秸秆覆盖均对小麦产量的形成有一定协同效应，补充灌溉与施用氮肥和秸秆覆盖配合处理的小麦产量最高。在秸秆还田条件下，随施氮量的增加，小麦籽粒产量、生物学产量、有效穗数和千粒重均呈先增后降的趋势，氮素回收效率、氮肥利用效率均随施氮量的增加而降低，氮素收获指数随施氮量的增加呈先增后降的趋势（沈海军等，2012）。而周海燕等（2011）认为，在秸秆还田下，基肥与追肥比为3∶7的优化氮磷钾肥处理产量最高，是小麦施肥的正确策略。在秸秆还田条件下，氮肥全部基施处理的小麦产量最低；适当降低基施氮肥比例，增加追施氮肥比例能显著地提高小麦产量（王大用等，2012）。当施氮量相同时，秸秆与氮肥配施越冬前和拔节期小麦，其总茎数和单株分蘖数低于化肥单施，但孕穗期到成熟期，植株干重、

成穗率和产量构成因素高（闫翠萍等，2011）。玉米秸秆还田配施氮肥的小麦产量及产量三要素均有增加，并提高了小麦的水分利用率（张亮，2013）。秸秆还田配施氮肥对玉米早期生长有一定的负面作用，中后期秸秆还田正效应逐渐得到体现（高金虎等，2011）。秸秆还田与氮肥施用对夏玉米干物质生产有促进作用，且在一定程度上延缓了夏玉米叶片衰老，延长了叶片功能期，并促进了夏玉米干物质由茎秆向籽粒的转运。秸秆还田配施氮肥，夏玉米的籽粒体积增加了17.38%～19.69%，高速灌浆持续期较对照延长5～7天，夏玉米产量提高显著（霍竹等，2005；张学林等，2010）。在秸秆还田条件下，施用氮肥可以明显提高作物产量，当施尿素超过300千克/公顷时，玉米产量不再随氮肥用量增加而增加（王麒，2010）。在秸秆还田条件下，施用氮肥可以明显提高水稻产量，当氮肥用量超过240千克/公顷时，水稻产量不再随氮肥用量增加而增加（汪军等，2009）。在秸秆还田条件下，水稻产量随着氮肥用量的增加呈先增加后降低的趋势，所以需合理配施氮肥（汪军等，2011）。秸秆还田结合实地氮管理提高了水稻茎蘖成穗率与三磷酸腺苷酶活性，增加了结实期叶片的光合速率以及根系活力，增大了籽粒最大灌浆速率与平均灌浆速率，缩短了活跃灌浆期，增加了粒重，改善稻米品质，提高氮肥利用效率（徐国伟等，2009）。稻米蛋白质含量随施氮量增加而增加，当施氮量一定时，随着穗肥氮素比例的增加，稻米蛋白质含量也不断增加。氮素运筹对稻米淀粉黏滞性特征谱（RVA谱）不同特征值的影响程度差别较大，峰值黏度和最终黏度在所设处理间的差异达显著水平，而崩解值、消减值和糊化温度在各处理间的差异不显著（杨美英等，2010）。秸秆还田加氮肥可增加烟草植株茎围和可采收叶片数，降低烟草植株炭疽病及赤星病发生率，还可提高下、中、上部烟叶中总糖含量，降低烟碱、总氮及蛋白质含量，并使香气质、香气量、杂气、余味和刺激性等指标优于不加秸秆处理，评吸总分值高（瞿兴等，2004）。

第七节　秸秆还田下小麦生长及产量研究现状

秸秆还田对后茬作物生长发育有明显影响。玉米秸秆还田后的小麦基本苗数略有减少（朱瑞祥等，2001），单株次生根数和最高分蘖数增加（韩宾等，2007；Sasal M C et al.，2006），进而引起作物的高度增加，茎粗变粗，干物质积累加速（赵四申等，2003）。秸秆还田后对作物中后期生长的促进作用更大。有研究指出，秸秆还田与优化水肥结合后，小麦抽穗到成熟干物质日增长量分别比对照增加33.92千克/(公顷·天)、25.91千克/(公顷·天)，干物质积累量分别比对照增加22.34%和17.06%，干物质积累量占全生育期干物质积累总量的比例也比对照分别增加7.93个百分点和4.45个百分点，经济系数有所提高（李志勇等，2005）。

前人关于秸秆还田对产量影响的研究并不一致，这可能与试验所用品种、当地生态条件、栽培措施等因素有关。一般认为，秸秆覆盖还田能降低蒸发量，显著增加土壤水分含量，提高了作物产量，但对水分利用效率的变化研究不一致。刘超等（2008）研究认为，秸秆覆盖还田在 6 000 千克/公顷覆盖量下，露天小区夏玉米可增产 5.61%。秸秆覆盖还田可显著增加超高产夏玉米上层土壤水分含量，但是降低了水分利用效率（王晖等，2011）。而秸秆覆盖对夏玉米生长前期表土层（0～30 厘米）的保墒效果更为明显，深土层土壤含水率低，夏玉米水分利用效率提高。对水分利用效率的不同研究可能受夏玉米生长期间降水的影响（于舜章等，2004）。秸秆覆盖还能不同程度地增加玉米的株高、净光合速率和生物量等，增加玉米穗长和穗粒数，从而增加产量（卜玉山等，2006）。对覆盖下的小麦和水稻的研究结果也表明，秸秆覆盖可显著增加作物产量，在豫西半干旱地区进行秸秆覆盖，小麦公顷穗数降低了，但千粒重、穗粒数和产量提高了（高传昌等，2011）。在黄淮海地区，秸秆覆盖可以改善土壤的理化性状，促进小麦的生长发育，增产可达到 28.23%（张萍等，2008；逄焕成，1999）。对渭北旱塬不同秸秆覆盖一年后，覆盖 3 000 千克/公顷处理提高了小麦产量，较不覆盖增产 5.9%（刘婷等，2010）。秸秆覆盖旱作水稻也能显著提高稻田表层土壤的有机质含量，提高了水稻产量（李大明等，2012）。

对秸秆直接还田的研究表明，秸秆还田可增加土壤有机质，提高土壤的供肥能力，促进作物的生长发育，提高接茬作物的产量（张静等，2010；陈富强等，2011；季陆鹰等，2011；曾洪玉等，2011）。中国农业大学根据多年多点的资料，拟合出一个关系曲线，其方程为：$y=14.27x/(0.28+x)$，$r=0.792\,6$。式中，y 表示小麦产量（千克）；x 表示秸秆还田量（千克）。该曲线方程说明，在少量还田时，产量与秸秆增量呈显著的正相关关系（刘巽浩等，2001）。武际等（2012）也认为，连续秸秆覆盖还田促进了土壤无机氮的供应，从而提高了作物产量。连续的秸秆还田增加了土壤养分，但速效钾含量降低，增加钾肥才能使作物产量连续升高（徐祖祥，2003）。在中国科学院桃源农业生态试验站长期定位试验表明，秸秆还田提高了水稻分蘖数、叶面积指数和地上部干物质量，增加了水稻穗数和每穗实粒数，从而提高了水稻产量（叶文培等，2008）。秸秆还田处理的后茬油菜产量比不施秸秆的提高 1.8%～9.3%（王允青等，2008）。秸秆还田不仅能显著提高水稻产量（朱杰等，2006），同时能提高稻米中铁、锌含量，提高了长宽比，直链淀粉含量降低，胶稠度增大，改善了稻米的品质（陈新红等，2009；袁玲等，2013）。在我国北方干旱地区 18 年的长期秸秆还田田间定位试验表明，秸秆覆盖与秋施肥对于更干旱年份的玉米产量与水分利用率提高效果更好（解文艳等，2011）。在南方地区秸秆还田后，土壤肥力综合指数（SFI）和产量较秸秆不还田分别平均提高了6.8%和4.4%（杨帆等，2012）。宁夏南部山区采用秸秆覆盖方式可使春玉米的株高、穗位高、穗长、生物产量及经济产量等指标得到显著提高，整秸秆覆盖可使春玉米的产量及水分利用效率分别提高3.5%和16.5%（鲁向晖等，2008）。玉米整株还田后也能增加小麦生育期的干物重及千粒重，小麦产量提高3.81%（赵四申等，2003）。秸秆覆盖还田旱季作物（小麦、油菜）的增产效应要高于水季作物（水稻），并且随着秸秆还田年限和用量的增加，作物的增产幅度也随之提高，主要影响的是小麦、水稻的有效穗数以及油菜单株角果数和每角粒数。而王宁等（2007）认为，秸秆还田处理的玉米叶面积指数显著提高，半量秸秆还田处理产量显著提高，全量秸秆还田处理产量基本没有增加。免耕秸秆覆盖还田比翻耕不还田平均产量降低7.27%，但秸秆覆盖还田可提高蛋白质和湿面筋含量，有利于改善中强筋专用小麦的品质（刘世平等，2007）。免耕秸秆覆盖出苗率低，仅60.2%，早衰严重，产量低于常规耕作，这可能与免耕土壤容重低，限制根系伸展有关（韩宾等，2007）。

有试验表明，秸秆还田对根系发育及植株抗旱能力影响显著。高茂盛等（2007）发现，秸秆还田可显著提高旗叶叶绿素含量光合速率、超氧化物歧化酶活性、过氧化物酶活性以及可溶性蛋白等各项抗衰老指标，并可明显提高隔茬小麦的产量。屈会娟等（2011）通过连续3年试验得出小麦、玉米秸秆连续全量还田提高了小麦不同小穗位的结实粒数和粒重，进而提高了籽粒产量。Safi等（2008）研究得出，秸秆还田小麦产量是无秸秆还田的1.31～1.39倍。旱田土壤的培肥，除玉米秸秆和根茬还田外，还有麦秆等。对作物产量的影响主要报道了秸秆还田多年后对产量的影响，对当季作物产量影响的报道很少。张永春等（2008）研究表明，不同量秸秆还田，增产幅度均达到极显著水平。对于旱地土壤，除有些试验结果当季增产不明显外，长期施用秸秆的其他年份都有显著的增产效果。彭祖厚等（1988）经过4年的盆栽、田间试验证明秸秆还田有明显的增产效果，增产幅度为4.2%～7.8%，且以秸秆直接还田效果最佳。而赵四申（2002）在玉米上的试验结果显示，秸秆还田第一年可以增产3.73%，第二年增产6.1%，第三年增产8.1%。在小麦-花生轮作上，王才斌等（2000）研究发现，上一年度进行还田下一年度小麦增产6.4%，花生增产9.2%，连续两年后花生增产4.2%。

第八节　不同耕作方式下小麦生理及产量研究现状

土壤是一切植物生长的基础，土壤水分则是植株生长的必备条件。不同耕作方式及秸秆还田的主要作用集中体现在保水、保墒、改变土壤质地、增加土壤养分、增大土壤呼吸速率和改变土壤环境上。土壤水分是生态环境中水循环的重要组成部分，它主要来源于降水和灌溉水，土壤对水分的保持主要是因为土壤胶粒对水分的束缚作用和毛管持水作用。不同耕作方式对土壤含水量的影响不同，多项研究表明，保护性耕作能改变土壤的团粒结构，增加土壤胶体的凝聚作用和胶结作用，从而有效保持土壤水分，0～80 厘米土壤含水量比不还田处理降低缓慢，80 厘米以下含水量变化很小。范丙全等（2005）研究表明，秸秆还田后经过长期分解改善土壤环境，增加微生物数量，减小耕作层土壤容重，增加土壤麦角固醇的含量，同时增加土壤有机质含量和土壤养分。秸秆还田伴随着免耕、少耕等耕作方式，长时间免耕、少耕会使 10～40 厘米土壤层土壤容重增加，不利于苗期根的生长，而这一土壤层由于土壤坚实也能够阻止下层水分的蒸发，提高土壤含水量。秸秆还田对土壤营养的改善要远优于化学肥料的效果，化学肥料会在短期内补充土壤营养，使植物迅速生长，秸秆还田效果较迟缓，有利于土壤的可持续发展。

一、不同耕作方式对小麦生长生理指标的影响

苗情是小麦高产的重要指标之一，基本苗数量较少则会使小麦后期总蘖数不够而降低小麦产量，基本苗较多则会导致后期分蘖多而营养不足，也会导致小麦产量降低。不同耕作方式对小麦苗期各项指标的影响不同，秸秆还田后常因出苗率低、麦苗质量不高导致产量下降，同样播种深度也会造成小麦出苗率降低，此两项因素成为制约这项技术推广的重要原因，灌浆期小麦生长状况能够明显影响小麦的灌浆速率，进而影响小麦的产量。李波等（2012）研究表明，不同耕作方式对小麦出苗率的影响不同，旋耕等耕作措施能明显提高小麦的出苗率，免耕等耕作措施则降低小麦出苗率，进而减少了小麦的基本苗。王成雨等（2012）研究表明，灌浆期较长时间持续较大的叶面积指数能够明显增大灌浆速率，提高作物产量。王伟等（2008）研究表明，不同耕作方式对小麦灌浆期叶绿素含量的影响有显著差异，秸秆还田处理能明显增加小麦叶绿素含量，并减缓小麦后期衰老。保护性耕作提高了土壤养分，能够满足作物后期对营养的需求，从而减缓叶绿素降解，延长小麦光合作用时间，从而增加产量。

二、不同耕作方式对小麦光合指标的影响

光合作用是植物完成生命代谢的基础，植株吸收二氧化碳利用光能转化成自身有机质以满足各个时期生长发育的需求。小麦叶片是进行光合作用的最主要器官，随着干旱胁迫的加重，叶片叶绿素降解，小麦叶片衰老，叶面积减小，光合作用、气孔导度、蒸腾速率等都相应减小。小麦产量的 90％～95％

来自光合作用，籽粒产量的20%～30%来自旗叶光合作用，因此，旗叶光合指标的高低直接对产量的高低产生影响。小麦叶片净光合速率的高低是决定产量高低的重要指标，不同耕作方式及秸秆还田对小麦产量的影响可以根据小麦灌浆期净光合速率的大小进行判断。付国占等（2005）研究表明，残茬覆盖显著增加了玉米的光合势和产量，促进灌浆后期干物质转移。决定小麦产量最重要的时期为灌浆期，灌浆期光合作用的日变化规律能够说明小麦植株在一天中对不同光照强度的适应能力，较强的适应高温、高光能力能使小麦充分利用高光强，在一天中制造出更多的有机物。黄茂林等（2009）研究表明，免耕有机肥处理日变化光合速率、气孔导度等光合指标最大，水分利用效率最高。练宏斌等（2009）研究表明，不同耕作方式对光合指标的影响不同，免耕秸秆覆盖处理能有效地增加小麦的净光合速率和旗叶的水分利用效率。水分利用效率是衡量产量和消耗土壤水量的重要指标，此指标能够反映单位产量的需水量和单位体积水分的产量，秸秆还田能够有效地保持土壤水分，使植物在长时间内有效利用土壤水分生长。

三、不同耕作方式对小麦干物质积累和产量的影响

小麦干物质是小麦整个生育期所有有机物的积累，受植株光合作用的影响，干物质的积累速率先增大后减小，干物质的积累量也是先增大后减小，灌浆期植株的生殖生长大于营养生长，有机物开始向籽粒转移，增大籽粒产量，从而导致茎秆和叶片的干物质量减小。秸秆还田处理能缓解小麦灌浆后期干旱，增大小麦的光合速率，在生长过程中干物质积累的总生物量比秸秆不还田处理多。孔丽红等（2007）研究表明，光合产量取决于光合速率、光合作用时间、呼吸消耗等因素，延缓植株衰老可提高后期叶片光合功能进而增加干物质积累。陈乐梅等（2006）研究表明，免耕覆盖能增加作物干物质积累量，对干物质在不同器官中的分配影响较小，免耕高覆盖量效果更加明显。Rathore A L等（2001）研究表明，秸秆覆盖对植株干物质积累量有明显的增加作用。当植物遭受干旱胁迫后，茎叶中的干物质过早地向籽粒转移，以补充干旱胁迫造成籽粒产量较小的缺陷。秸秆还田处理能明显延缓作物的衰老，增强光合作用速率和光合作用时间，使作物制造更多的有机物，从而增加干物质的积累，增加茎叶中干物质对籽粒的贡献率，从而促进籽粒产量的增加。

产量及产量构成因素是各项研究重要的衡量指标，在灌浆期，植株干旱胁迫越严重，产量就越低。我国北方小麦灌浆期降水量严重不足，对小麦形成严重的干旱胁迫，因此，土壤水分的可持续利用对产量的形成至关重要。秸秆还田处理能够有效地阻止阳光对地面的暴晒，防止土壤水分过快蒸发，同时又可以增加土壤养分，是比较有效的处理方式。不同研究表明，不同耕作方式及秸

秆还田对小麦产量的影响各不相同。张胜爱等（2006）研究表明，连续免耕 3 年保持耕作层土壤结构不变，小麦的产量仍能保持较高的水平，在 2 年连续免耕的基础上，改进耕作制度，选用深松的方法比旋耕的方法效果好、产量高。韩宾等（2007）研究表明，免耕小麦出苗率仅 60.2%，群体过小，产量显著低于常规耕作，耙耕、深松在与常规耕作相同播量下能形成适宜的群体，且穗粒数、千粒重均高于常规耕作，分别比常规耕作增产 8.15%和 6.91%。董文旭等（2007）研究表明，因为免耕秸秆还田温度较低，造成小麦生育期往后延迟，从而降低产量。Vita P D 等（1999）研究表明，经过 2～3 年的保护性耕作处理，小麦产量持续增加。代快等（2012）研究表明，采用不同的保护性耕作措施不仅具有一定的蓄水保墒作用，还可以提高小麦的产量和水分利用效率。黄高宝等（1999）对陇中旱地农业的研究结果表明，保护性耕作条件下，在春小麦-豌豆轮作体系中免耕秸秆覆盖处理的作物产量较常规耕作提高了 26.81%。朱自玺等（2000）研究认为，不论何时覆盖和覆盖量为多少，凡是施行覆盖的麦田，其产量均比未覆盖的高。多数保护性耕作研究表明，免耕、少耕及秸秆还田能有效地维持土壤含水量，明显增加作物产量。免耕、少耕增加产量的主要原因是免耕、少耕处理能增加小麦穗粒数和千粒重，减产的主要原因是免耕、少耕处理导致出苗率降低，亩基本苗和后期形成的有效分蘖少。产量是由公顷穗数、穗粒数、千粒重三要素组成，此三要素又与基本苗、分蘖力、光合速率和灌浆速率等有关，因此高产量与小麦生长的基本情况息息相关。

综合国内外研究结果表明，不同耕作方式对土壤理化性状及小麦各项指标影响不同。打破土壤耕作层的耕作方式可以减小土壤容重、增加土壤有机质，但不利于土壤含水量的保持，小麦生育后期干旱严重，生理、光合、产量等指标相对较低；不打破土壤耕作层的耕作方式能有效地保持土壤含水量、减少地表蒸发、保持土壤的原状结构，但却增加土壤容重，不利于苗期根的生长。秸秆还田能使土壤免受风雨侵蚀、增加土壤有机质含量、减小土壤容重、增加微生物数量、保持土壤温度、保持土壤水分、增加作物产量，与化学肥料相比有较大的优势。不同耕作方式结合秸秆还田处理既能够疏松土壤、减小土壤容重、增加土壤有机质含量、保持土壤水分、改变土壤环境，又可以减缓植株衰老、增大光合速率、提高作物产量，是实现土壤可持续利用的有效耕作措施。本书主要是根据当地的生态环境及小麦生育期降水情况，寻求更有利于小麦生长的耕作措施，促进小麦增产、稳产，为旱地农业发展提供一定的理论和技术支持。

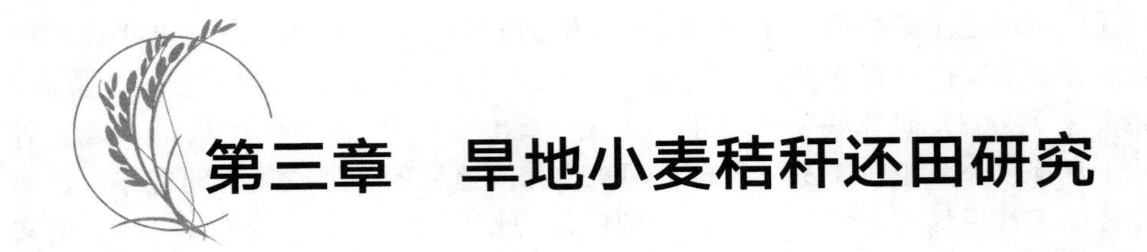

第三章　旱地小麦秸秆还田研究

第一节　旱地小麦秸秆还田方式研究

一、试验研究设计

试验地位于山东省青岛市胶州市胶莱镇（北纬36.26度，东经120.48度），胶州市位于山东半湿润偏旱区，属于温带大陆季风气候。土壤为砂姜黑土，有机质13.7克/千克，碱解氮103.9毫克/千克，有效磷25.9毫克/千克，速效钾136.2毫克/千克。胶东地区较大降水主要集中在每年的6—9月，小麦生长季降水较少。通过图3-1可以看出，小麦生长季节降水明显减少，2010—2011年小麦生长季累积降水量64.6毫米，2010年10月至2011年4月累积降水量8.8毫米，降水量严重不足，直接影响到了种子发芽和麦苗返青。2011—2012年小麦生长季累积降水量为163.1毫米，2011年10月至2012年4月累积降水量为139.6毫米。每年6月降水多集中于中下旬，对小麦的影响较小，实际对小麦有效的降水集中于当年10月至翌年5月，但在此时间内降水较少，因此小麦生长季遭受干旱胁迫较严重。供试材料：青麦6号，为半冬性品种，幼苗半匍匐，株高76.1厘米，株型紧凑，抗倒伏，生育期233天，亩有效分蘖36.5万，成穗率为40.7%，穗粒数35.5粒，千粒重39.8克，籽粒饱满，抗旱性较好。

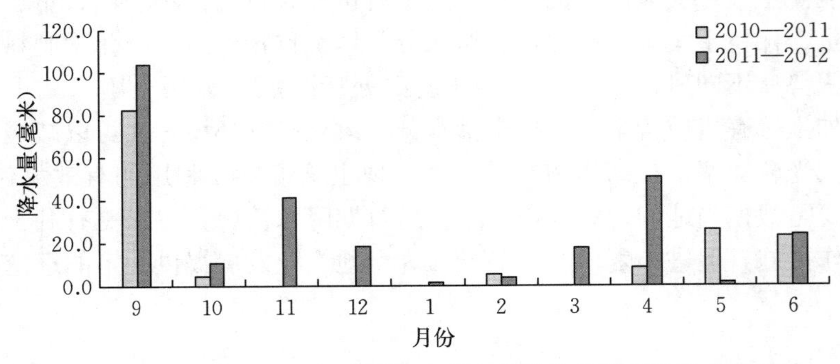

图3-1　2010—2012年试验地小麦生长期各月份平均降水情况

试验于2010—2012年在山东省胶州市胶州实验站进行。设旋耕秸秆还田（RS）、免耕秸秆还田（NS）、深松秸秆还田（SS）、深耕秸秆还田（DS），以旋耕不还田作为对照（CK）（表3-1）。每试验小区宽5米，长30米，两端各留5米为保护行，小区为随机区组设计，每处理重复3次。每个试验小区均按纯氮225.5千克/公顷、纯磷126千克/公顷、纯钾10.5千克/公顷的标准施肥（通过碳酸氢铵和复合肥转化）。前茬玉米密度为67 500株/公顷，供试小麦品种为青麦6号，足墒播种，播种量为195千克/公顷。玉米收获机为背负式4YW-3型玉米收获机，一次性完成摘穗、堆积、脱皮、秸秆粉碎还田作业，秸秆散布均匀，留茬低于5厘米。小麦生长期内如遇干旱，浇水不进行追肥处理，在小麦拔节期之前对杂草进行相关处理，整个生育期防治病虫害的发生。

表3-1　试验处理

简　称	处　理	操作方法
对照（CK）	旋耕+秸秆不还田	传统耕作方式，前茬玉米秸秆不还田，旋耕2遍，普通小麦播种机（播种行间距18厘米）播种
旋耕（RS）	旋耕+秸秆还田	前茬玉米收获时秸秆粉碎全部还田，旋耕2遍，深度为12厘米左右，小麦普通播种机播种
免耕（NS）	免耕+秸秆还田	前茬玉米收获时秸秆粉碎全部还田，小麦免耕播种机（播种行间距25厘米，播种深度8厘米左右，施肥深度13厘米）播种
深松（SS）	深松+秸秆还田	前茬玉米秸秆收获时粉碎全部还田，深松1遍，小麦免耕播种机播种，深松深度40厘米
深耕（DS）	深耕+秸秆还田	前茬玉米收获时秸秆粉碎全部还田，深耕1遍，深度为25厘米左右，旋耕2遍，普通小麦播种机播种

试验所用机械情况如下。

玉米收获机：背负式4YW-3型玉米收获机，一次性完成玉米的摘穗、堆积、脱皮、秸秆粉碎还田作业，秸秆10厘米，部分呈絮状，散布均匀，留茬低于5厘米。

普通小麦播种机：2BX-8型圆盘式小麦播种机，播种深度3～5厘米，行距18厘米，行数10行，可应用于秸秆还田农田播种。

小麦免耕播种机：2BMSF-4/8型免耕播种机，播种深度6～8厘米，播种行数 8 行。

深松机：ISZ-360 型震动深松机，深松深度 45～50 厘米，深松宽度 60 厘米。

旋耕机：230 型中高箱旋耕机，旋耕深度 13 厘米左右。

深耕机：深耕深度 25 厘米左右。

二、不同耕作方式及秸秆还田对土壤理化性状的影响

（一）不同耕作方式及秸秆还田对不同土壤层温度的影响

种子萌发出苗以后其根系就会吸收土壤水分和营养以供生长需求，在后期生长过程中大气温度和土壤温度对幼苗和根的生长影响很大，土壤温度对根的生长尤其重要，较高的土壤温度能减小外部低温对根部的影响。不同时期各土壤层温度以三叶期温度最高，越冬期最低。各时期土壤温度以 0～5 厘米最高，20 厘米土壤层温度最低，25 厘米温度略有升高。

由图 3-2 可以看出，三叶期不同土壤层温度 5～20 厘米均匀降低，25 厘米土壤层比 20 厘米土壤层温度略有升高，各土壤层之间温度变化较大。不同耕作方式之间，土壤层以对照处理温度最高，深松、免耕次之，差异显著。三叶期外界温度较高，对照地表裸露直接接受阳光照射，所以各层传热快，温度均较高，免耕、深松处理由于特殊的耕作方式有利于温度的积累，旋耕、深耕相对较低。由图 3-3 可以看出，分蘖期不同耕作方式之间，深松和免耕处理温度较高，对照处理最低。此时外界温度降低，对照没有秸秆还田，对积温的保护作用较差，不同土壤层之间温度变化较大，秸秆还田处理能够减缓土壤温度的降低，所以各土壤层温度变化较小。

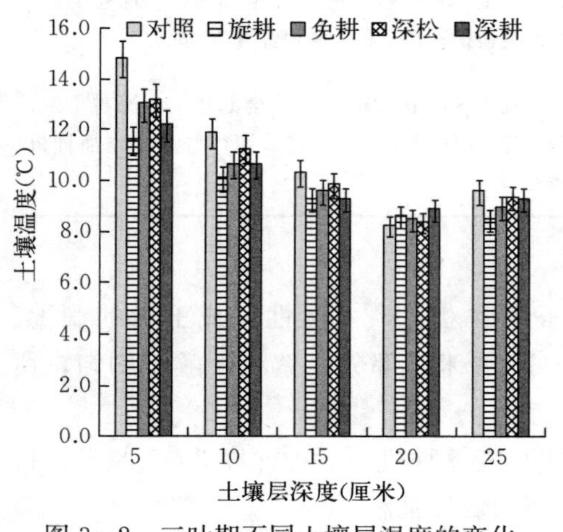

图 3-2　三叶期不同土壤层温度的变化

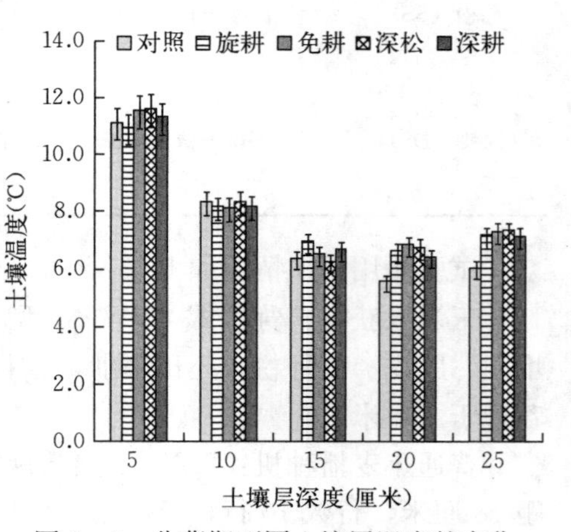

图 3-3　分蘖期不同土壤层温度的变化

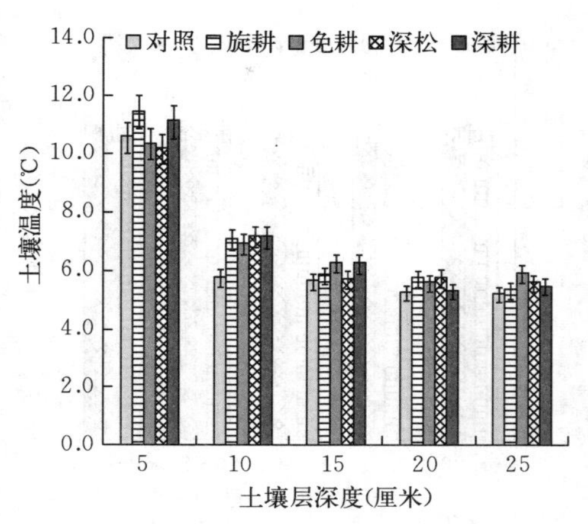

图 3－4　越冬期不同土壤层温度的变化

越冬期温度比分蘖期降低，由图 3－4 可以看出，以 5 厘米土壤层温度最高，10～25 厘米土壤层温度变化较小，25 厘米左右温度保持平稳。5 厘米冬前最大分蘖期则以旋耕和深耕处理最高，深松、免耕最低，10 厘米土壤层则以秸秆还田处理温度较高，深松、深耕处理最为突出。各土壤层中以表层土壤受阳光的影响最大，所以 5 厘米和 10 厘米土壤层温度相差较大，而 15～25 厘米土壤层温度相对较平稳，变化较小。秸秆还田处理各土壤层温度变化较小，对照处理变化较大，秸秆还田处理更有利于冬季小麦生长。

（二）不同耕作方式及秸秆还田对不同土壤层土壤含水量的影响

土壤含水量受大气温度、植株蒸腾、耕作制度等多重因素的影响，不同耕作方式处理土壤含水量变化明显不同。由图 3－5 至图 3－8 可以看出，由返青期至收获期土壤含水量呈现逐渐下降的变化趋势，表现为返青期＞拔节期＞开花期＞收获期，各土壤层返青期至拔节期不同土壤层含水量变化不大，拔节期至收获期土壤含水量出现了较明显的降低。不同土壤层之间，土壤含水量随着土壤深度的增加逐渐增大，表现为 80～100 厘米＞60～80 厘米＞40～60 厘米＞20～40 厘米＞0～20 厘米，以 80～100 厘米含水量最高，不同时期增大的幅度不同，差异显著。由于小麦生育前期有一定的降水量，所以在返青期和拔节期各土壤层含水量变化不大，土壤含水量较高。拔节期以后没有出现有效降水，蒸发和小麦蒸腾作用导致整个灌浆期土壤含水量下降很快，0～60 厘米土壤层含水量下降最快，不同土壤层含水量变化明显，差异显著。

由图 3－7 可以看出，不同耕作方式之间，秸秆还田处理 0～60 厘米土壤层含水量明显大于对照处理，而且耕作措施较少的免耕和深松处理土壤含水量最高，尤其 0～20 厘米和 20～40 厘米土壤层，免耕和深松分别比对照高 64.5％、62.4％和 55.1％、57.6％。秸秆还田条件下，各土壤层土壤含水量表现为深松＞免耕＞旋耕＞深耕，差异显著。这说明较少的地表耕作保持了土壤的完整性，再结合秸秆的覆盖作用降低了土壤表层水分的蒸发，很好地保持了土壤水分，而旋耕和深耕都打破了土壤表层的完整性，所以水分散失较快，土壤含水量相对较低。

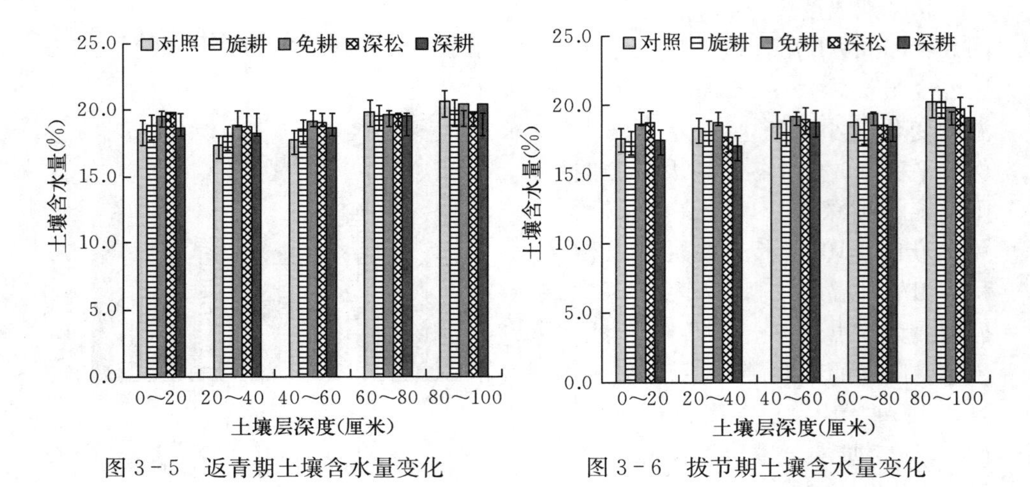

图 3-5　返青期土壤含水量变化　　图 3-6　拔节期土壤含水量变化

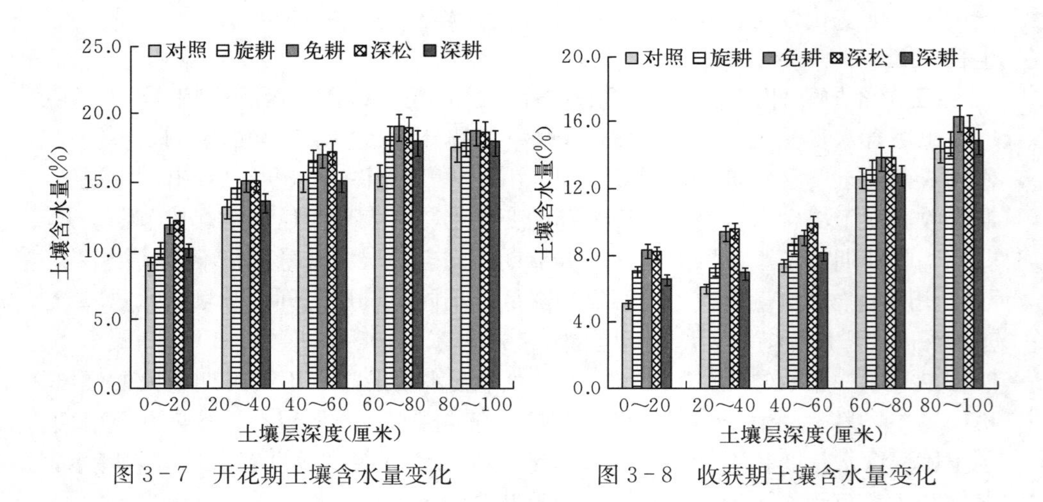

图 3-7　开花期土壤含水量变化　　图 3-8　收获期土壤含水量变化

（三）不同耕作方式及秸秆还田对不同土壤层土壤容重的影响

土壤容重的大小与土壤质地、结构、有机质含量、土壤紧实度、耕作措施等有关。由图 3-9 至图 3-12 可以看出，随着小麦生育期的推进，同一土壤层土壤容重呈现先降低后升高的变化趋势，开花期最低。不同土壤层之间，随着土壤深度的加深，土壤容重逐渐增大，0～80 厘米土壤层中，随着深度的增加，土壤容重逐渐增大，尤其 0～40 厘米增加比较明显，当深度达到 80 厘米后，土壤容重不再明显增加，而保持稳定。

不同耕作方式及秸秆还田之间，不同土层土壤容重的表现不同。0～20 厘米：对照＞深耕＞旋耕＞免耕＞深松，差异显著；20～40 厘米：免耕＞深松＞

对照>旋耕>深耕，差异显著；40～60 厘米：对照>旋耕>免耕>深松>深耕，差异显著；60～80 厘米：深耕>对照>免耕>深松>旋耕；80～100 厘米土壤层容重以对照最高，变化较小，差异不显著。

不同耕作措施对 0～40 厘米土壤层土壤容重影响较大，尤其秸秆还田后能明显减小土壤容重。80～100 厘米土壤层受耕作措施的影响较小，所以在很长时间内会保持一定的稳定性。免耕处理在 20～40 厘米土壤容重最大，这与耕作措施有关。常年机械耕作的累积，耕作深度没有到达 20～40 厘米深度，使得土壤结构比较紧密，所以土壤容重相比其他耕作方式较大。深松虽然疏松深度达到 40 厘米，但只是土壤震动疏松，土壤仍然保持原状没有完全疏松，所以 20～40 厘米土壤层容重也较大。

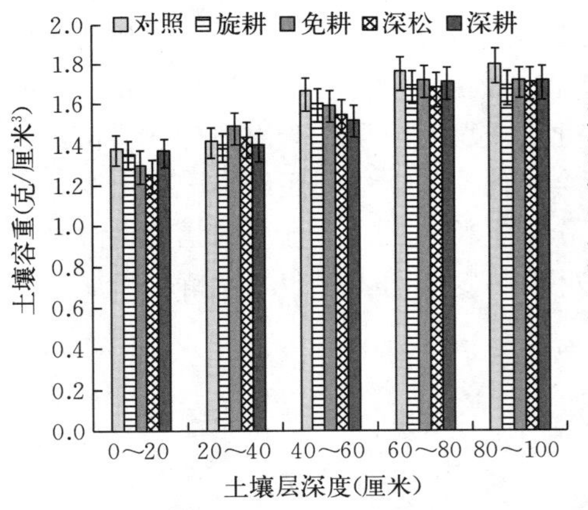

图 3-9　返青期不同土壤层土壤容重的变化

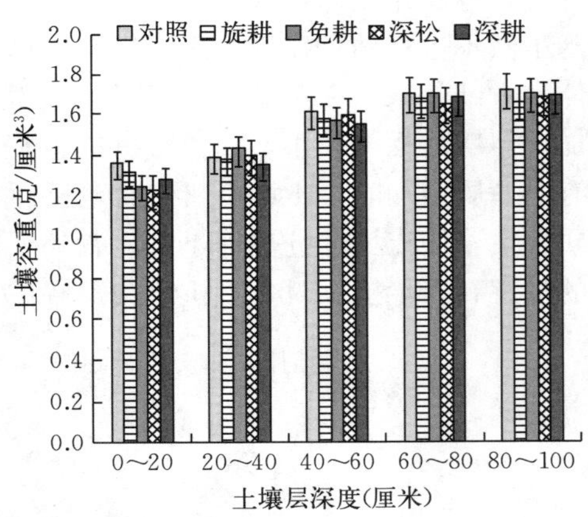

图 3-10　拔节期不同土壤层土壤容重的变化

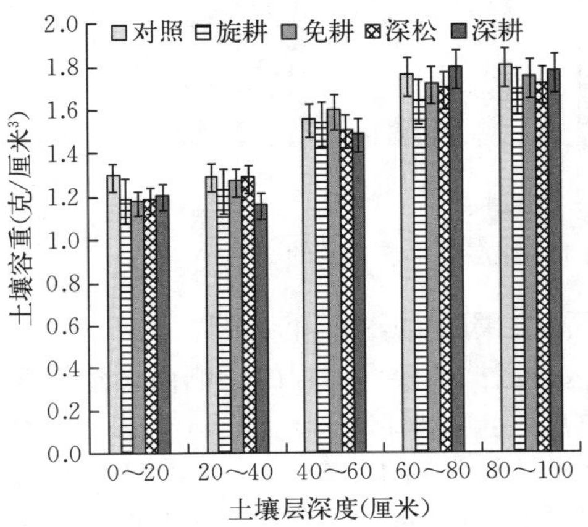

图 3-11　开花期不同土壤层土壤容重的变化

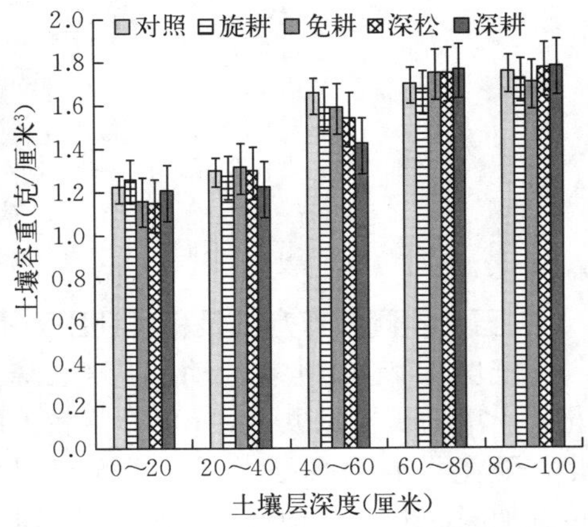

图 3-12　收获期不同土壤层土壤容重的变化

（四）不同耕作方式及秸秆还田对土壤有机质含量的影响

土壤有机质是指土壤中含碳的有机化合物，主要以新鲜的有机物、分解的有机物和腐殖质3种形式存在土壤中，土壤有机质含量是土壤营养的重要指标。由图3-13可以看出，0～20厘米土壤层各处理有机质含量要比没有进行秸秆还田（对照）处理高，差异显著。从返青期至收获期土壤有机质含量呈现先增加后下降的变化趋势，开花期达到最高。返青期土壤温度相对较低，土壤微生物对秸秆的降解速度慢，随着温度的升高，秸秆的降解速率增大，有机质含量增加，灌浆期土壤温度升高，有机质降解速度加快，降解的有机质出现矿化现象，所以收获期有机质含量降低。

不同耕作方式之间，以对照处理有机质含量最低，深松最高。秸秆还田条件下，返青期以深松最高，之后表现为免耕＞深耕＞旋耕，差异显著。对照处理虽然不进行秸秆还田处理，但在作物生长和收获过程中，都有一定的植物残体和大部分根留在土壤中，随着小麦生育期的推进，土壤有机质含量也会增加，但增加幅度较小。当土壤有机质矿化，土壤有机质不会出现持续增长，没有腐殖质增加时，土壤有机质含量反而会降低。长期秸秆还田会增加土壤有机质含量，使土壤养分更加丰富，有利于作物生长。但当秸秆还田量超出微生物的降解和腐烂范围时，有机质会维持在相对稳定的值，不会出现持续增加。

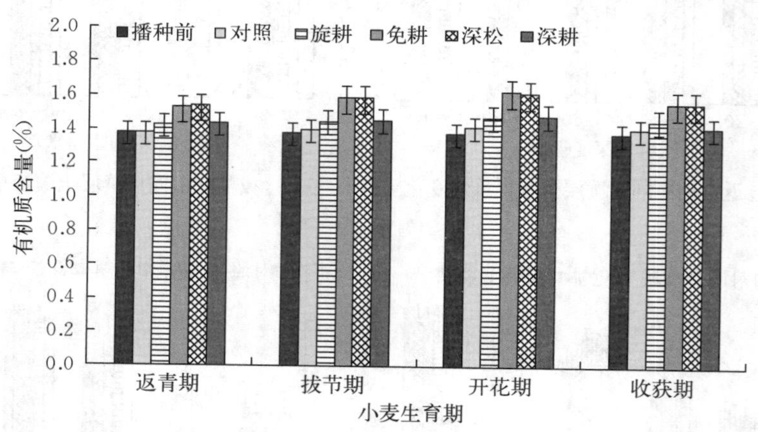

图3-13　不同时期0～20厘米土壤层有机质含量的变化

（五）不同耕作方式及秸秆还田对不同土壤层土壤pH的影响

土壤pH会受生物活动、温度、降水和机械破碎等过程的影响而不断地变化，土壤的矿质化也会对pH产生较大的影响。由图3-14至图3-17可以看出，随着生育期的不断推进，土壤pH呈现逐渐升高的趋势。同时，随着土壤深度的加深，土壤pH也逐渐增加。不同生育时期之间，返青期至拔节期变化不大，拔节期至开花期增长很快，开花期至收获期变化较平稳。不同土壤层之间，

0～20 厘米土壤层在各生育时期 pH 都比较小，20～60 厘米土壤层土壤 pH 较大。

不同耕作方式之间，以对照处理的 pH 最大，深松最小。在秸秆还田条件下，0～40 厘米土壤层 pH 表现为旋耕＞免耕＞深耕＞深松；40～60 厘米土壤层 pH 表现为旋耕＞免耕＞深松＞深耕，差异显著。旋耕处理在返青期和拔节期都表现出了较大的 pH，在灌浆期则变化较小；深松、免耕、深耕处理在返青期和拔节期 pH 比较小，而在灌浆期则上升较快。

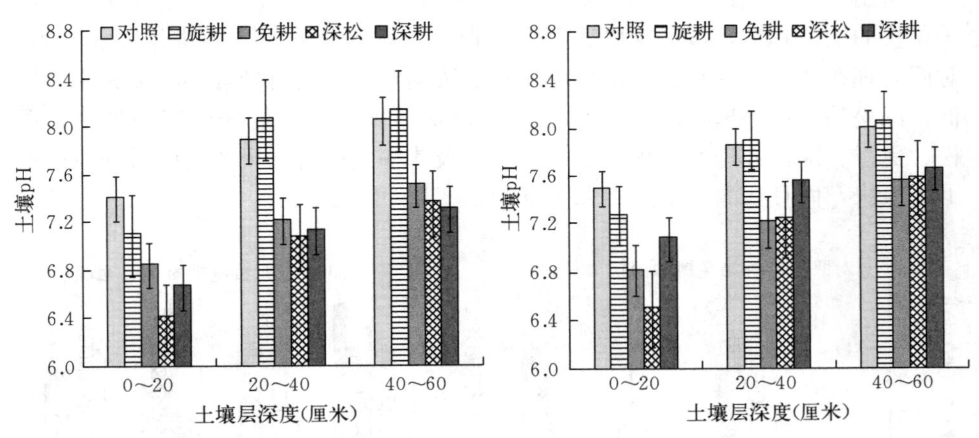

图 3－14　返青期不同土壤层土壤 pH 的变化　图 3－15　拔节期不同土壤层土壤 pH 的变化

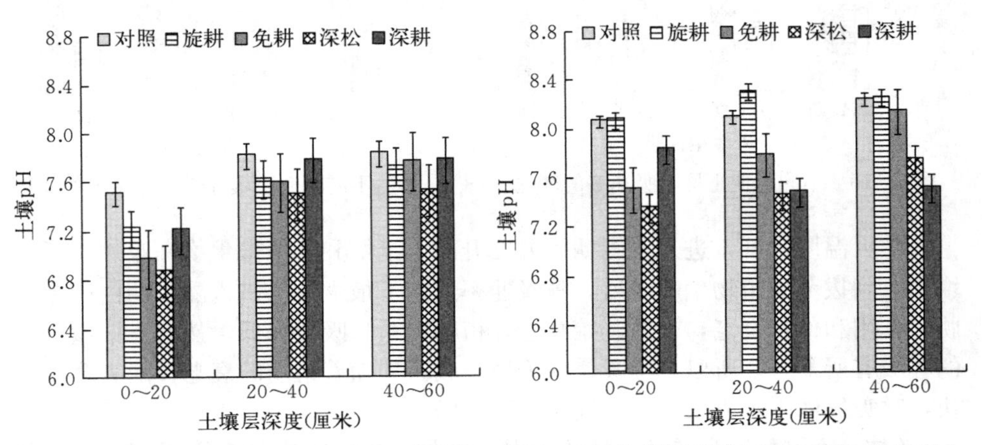

图 3－16　开花期不同土壤层土壤 pH 的变化　图 3－17　收获期不同土壤层土壤 pH 的变化

秸秆还田处理会增加土壤有机质含量，而有机质多呈酸性，则会使土壤 pH 降低。所以，当土壤有机质含量逐渐增加时，土壤 pH 会降低。当收获期土壤有机质降低时，pH 则会增加。随着土壤层的加深，土壤的矿质化较严重，土壤矿质化严重则土壤显碱性，pH 增加。所以，随着土壤深度的增加，土壤 pH 变大。同时，外界机械扰动、温度、降水、化学肥料和秸秆还田影响深度多在 0～40 厘米。所以，此深度受外界影响较大，pH 变化范围较大。当土壤深度达到 60 厘米时，外界因素对土壤的影响很小。所以，60 厘米左右深度土壤 pH 变化范围较小。

（六）不同耕作方式及秸秆还田对土壤呼吸速率的影响

由图 3－18、图 3－19 可以看出，土壤呼吸速率从返青期到拔节期表现出了很快的增长趋势，拔节期以后不同处理表现各不相同。不同耕作方式之间，对照处理在各时期呼吸速率都最小，在灌浆期对照、旋耕处理的呼吸速率都较低，深松和免耕处理有较大的呼吸速率，差异显著。在秸秆还田条件下，深松、免耕、深耕处理都表现出了较高的呼吸速率，旋耕在拔节期以后呼吸速率下降很快，而且在灌浆期基本保持平稳，变化不明显。

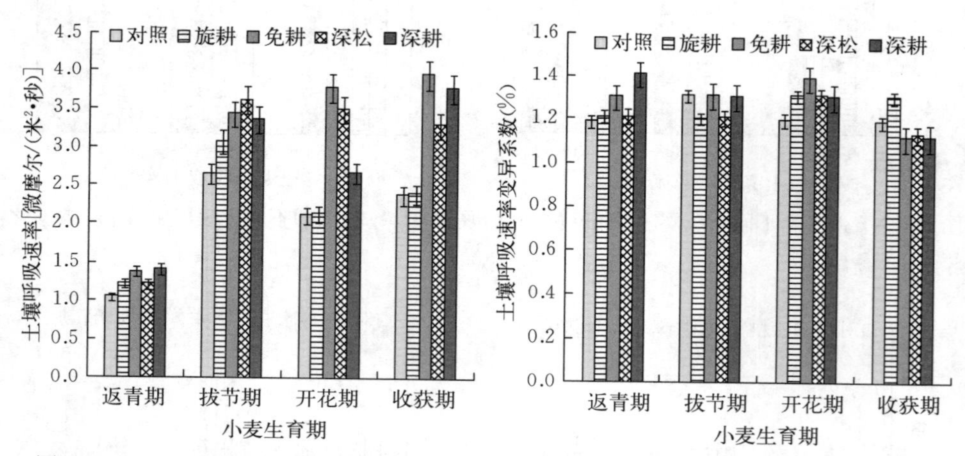

图 3－18　不同时期土壤呼吸速率的变化　图 3－19　不同时期土壤呼吸变异系数的变化

冬天温度较低，进入返青期后温度升高，土壤和土壤微生物呼吸速率开始增加，到拔节期植物生长旺盛，呼吸速率达到了最大值。进入灌浆期由于干旱胁迫作用和作物衰老，根系开始衰老，植物根系呼吸会降低，然而土壤微生物的呼吸有所上升，所以总呼吸速率平稳。收获期随着植物的衰老，地表蒸发加快，呼吸气体中水分浓度和空气相对湿度增加。

（七）不同耕作方式及秸秆还田对土壤呼吸气体中水分浓度和空气相对湿度的影响

土壤表层空气的相对湿度由于地表蒸发和土壤呼吸会伴随着土壤水分的散失而发生变化，呼吸气体中水分浓度和地表空气的相对湿度能侧面反映土壤含水量的大小，气体水分含量高，空气相对湿度大，说明水分散失快，土壤失水快，则土壤含水量变小。

由图 3－20 可以看出，不同生育时期之间，呼吸气体水分浓度呈现先上升后下降再上升的变化趋势，在不同时期以对照处理水分浓度最高。返青期由于之前的低温影响，呼吸速率很低，地表水分蒸发很低，所以浓度较小；返青期至拔节期温度上升较快，水分蒸发和呼吸速率都上升很快，所以水分浓度很高；拔节期至收获期小麦生长很快，需水量迅速增加，土壤含水量降低，所以水分浓度降低。由图 3－20 可以看出，不同耕作方式之间，呼吸气体水分浓度表现为对照＞免耕＞深松＞深耕＞旋耕，在整个过程中以对照处理最高，旋耕最低。

对照处理无秸秆还田，土壤呼吸速率低，呼吸作用造成的气体水分浓度较小。但对照处理地表裸露，水分蒸发快，所以造成土壤表层气体水分浓度和空气相对湿度较大。秸秆还田后分解成为多糖，多糖有助于水分凝聚体的增加，减少土壤水分的散失，同时秸秆还田后抑制土壤水分的散失，所以表层呼吸气体水分浓度和空气相对湿度较小（图 3－21）。

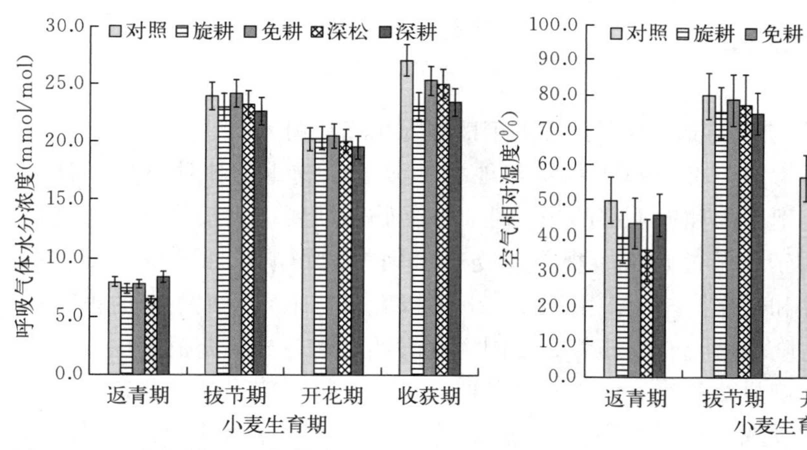

图 3－20　不同时期呼吸气体水分浓度的变化

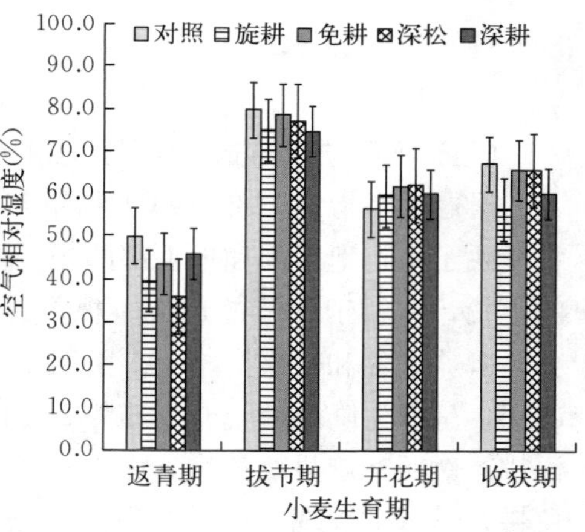

图 3－21　不同时期空气相对湿度的变化

三、不同耕作方式及秸秆还田对小麦生长及旗叶生理指标的影响

（一）不同耕作方式及秸秆还田对出苗率和基本苗的影响

基本苗是就是指单位面积上生长的作物个体总数，基本苗越高，有效穗数就越高，基本苗越低，有效穗数就越少，产量越低。由图 3－22 可以看出，出

苗率和基本苗都表现为旋耕>对照>深耕>免耕>深松，差异显著。免耕和深松出苗率较其他处理低35%左右，对照、旋耕、深耕都经过旋耕机械处理，表层土壤比较疏松，小麦播种后与土壤接触紧密，萌发后易吸收土壤水分和养分生长。而免耕和深松处理土壤紧实，播种后因为秸秆还田部分种子悬空，种子不易吸收土壤水分和养分，所以出苗率和基本苗都较低，与旋耕相比，免耕和深松处理应相应增加播种量。

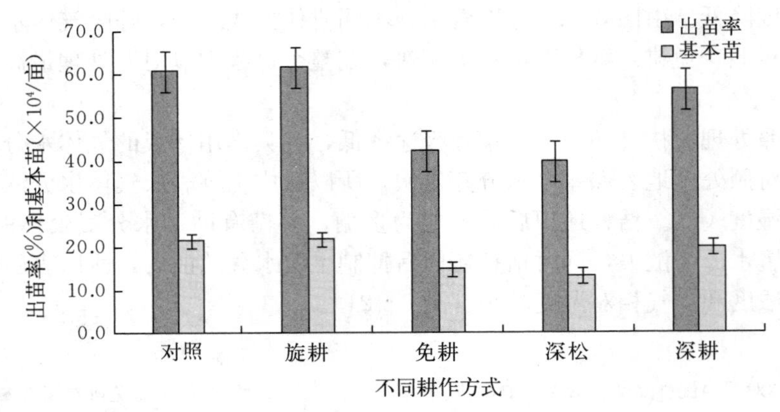

图3-22　出苗率和基本苗的变化

（二）不同耕作方式及秸秆还田对苗期根冠比的影响

根冠比是指地下部分总干物重与地上部分总干物重的比值（以%计），它反映了植物地下部和地上部的相关性，在作物苗期要增大根冠比，促进根的生长，有利于壮苗的形成。根冠比受很多因素的影响，如土壤温度、水分、营养条件和耕作措施等。由图3-23可以看出，不同处理小麦的根冠比不同，呈现先降低后上升的趋势。不同生育时期之间，分蘖期根冠比表现为深耕>对照>旋耕>免耕>深松，越冬期表现为深耕>旋耕>对照>深松>免耕，返青期表现为深耕>深松>免耕>旋耕>对照。在秸秆还田条件下，以深耕处理根冠比最大，深松、免耕较小。这是因为深耕可以达到38厘米左右，表层土壤比较疏松，有利于根的前期生长，而免耕只是打破了表层8厘米左右的土壤，同时免耕播种深度较深，根生长时由于土壤坚硬而不利于生长。返青期由于秸秆还田的保温、保水作用，秸秆还田处理条件下土壤温度回升快有利于根的生长，所以根冠比高于对照。免耕、深松根冠比增大较快，说明这两种耕作方式能很好地促进根的生长，以达到作物生长对水分和营养的需求。

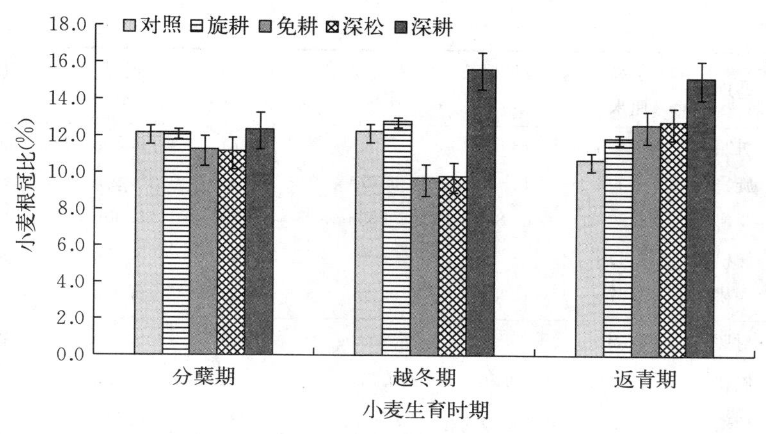

图 3-23　苗期根冠比的变化

（三）不同耕作方式及秸秆还田对苗期根数量和地中茎长度的影响

小麦播种后种子着床接触土壤吸水膨胀萌发，根接触土壤吸收土壤养分促进小麦苗的生长，根条数的多少是小麦苗能否长成壮苗的基础。地中茎越长，消耗的种子能量越多，对壮苗的形成越不利。由表 3-2 可以看出，在各个发育时期，苗高主要表现为免耕＞深松＞对照＞旋耕＞深耕；最长根长主要表现为旋耕＞深耕＞对照＞深松＞免耕；根条数主要表现为旋耕＞深耕＞对照＞免耕＞深松；地中茎长度主要表现为深松＞免耕＞对照＞旋耕＞深耕，差异显著。深耕、旋耕、对照处理土壤疏松，其小麦苗矮、壮，根条数多，地中茎短，分蘖早，叶龄大。而深耕处理的肥料随耕作翻耕至 38 厘米左右深度，麦苗前期生长营养不足分蘖少，而后期可因为根生长，营养相对充足，所以分蘖会增加。当返青期以后，根深度达到 40～60 厘米时，小麦又能吸收到足够的营养以供小麦后期生长。免耕和深松由于播种深度的原因，其小麦苗高、弱，地中茎较长，根条数少，分蘖晚、叶龄小，不利于壮苗的形成。苗期苗情在很大程度上取决于基肥施肥深度和土壤的疏松度。土壤疏松、施肥较浅，有利于壮苗和分蘖的形成；土壤坚实、施肥较深，则不利于壮苗和分蘖的形成。

表 3-2　不同时期小麦苗期性状和地中茎长度的变化

时期	处理	苗高（厘米）	最长根长（厘米）	根条数（条）	第一分蘖长度（厘米）	叶龄（叶）	地中茎长度（厘米）
三叶期	对照	16.37bc	9.23ab	6.00a	0.00a	3.00a	0.37c
	旋耕	13.63c	9.40ab	6.33a	0.00a	3.00a	0.25c
	免耕	19.77ab	5.90b	5.33a	0.00a	3.00a	2.20b
	深松	22.77a	7.20ab	6.00a	0.00a	3.00a	2.70a
	深耕	15.10c	9.97a	7.00a	0.00a	3.00a	0.22c

（续）

时期	处理	苗高（厘米）	最长根长（厘米）	根条数（条）	第一分蘖长度（厘米）	叶龄（叶）	地中茎长度（厘米）
分蘖盛期	对照	17.40b	13.17a	7.00a	5.47a	6.10a	0.42c
	旋耕	18.00b	14.17a	6.67a	5.17a	5.80b	0.30c
	免耕	22.83a	9.83a	5.33a	2.67b	5.00b	2.45ab
	深松	22.17a	11.50a	6.00a	2.83ab	5.00b	2.90a
	深耕	16.67b	13.83a	6.00a	4.00a	6.30a	0.29c
越冬期	对照	18.83b	16.67b	8.67abc	4.33a	9.00a	0.43c
	旋耕	18.60c	20.50a	9.67a	4.33a	8.40ab	0.31c
	免耕	22.67a	10.20 d	7.67bc	3.33a	6.70b	2.50ab
	深松	22.00a	12.73c	7.00c	3.67a	6.90b	2.96a
	深耕	16.70bc	17.63b	9.00ab	3.67a	8.80ab	0.31c

注：不同英文小写字母表示处理间差异显著（$P<0.05$）。

（四）不同耕作方式及秸秆还田对旗叶叶绿素含量的影响

叶绿素是植物进行光合作用所必需的色素分子，在光合作用中具有非常重要的作用。由图 3-24 可以看出，旗叶叶绿素含量在整个灌浆期呈现先增长后降低的变化趋势。不同耕作方式之间，旗叶叶绿素含量表现为深松>免耕>旋耕>深耕>对照，差异显著。其中，对照处理在整个灌浆期都呈现下降趋势，开花 10 天之后旗叶叶绿素含量下降较快，这表明 10 天后对照处理的旗叶衰老速率加快，不利于小麦产量的形成。秸秆还田处理旗叶叶绿素含量花后 0～5 天略有增长，5～20 天比较平稳，花后 20～30 天下降较快。秸秆还田条件下，各处理旗叶衰老在花后 20 天以后，比对照处理衰老晚 10 天左右，旗叶衰老晚和叶绿素含量高是秸秆还田处理能增加产量的重要因素。

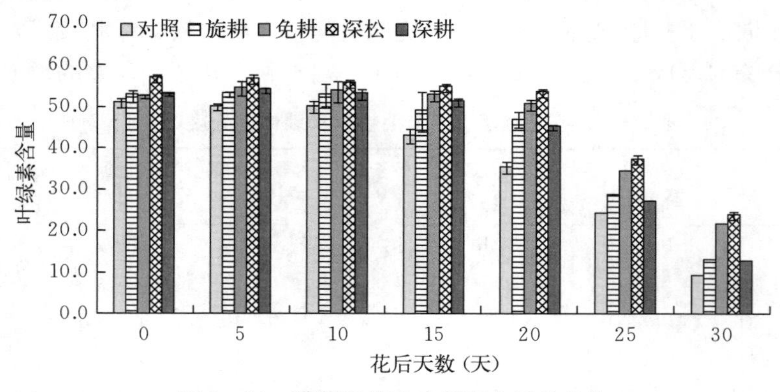

图 3-24　灌浆期旗叶叶绿素含量的变化

（五）不同耕作方式及秸秆还田对叶面积指数的影响

叶面积指数是表示群体大小的一个动态指标，也能够反映作物的衰老情况。由图 3-25 可以看出，叶面积指数自开花期以后呈现逐渐降低的趋势，花后 0～15 天降低较慢，15～30 天降低较快。不同耕作方式之间，花后 0～20 天间表现为深松>深耕>免耕>旋耕>对照，差异显著；花后 20～30 天表现为深松>免耕>深耕>旋耕>对照，差异显著。这可能是因为灌浆前期土壤含水量高，土壤含水量对作物生长抑制作用较小；而后期由于深耕土壤水分散失较快，不能满足作物生长所需的足够水分，使得小麦叶片衰老加快。

各试验处理以深松最高，对照最低。对照处理灌浆后期叶面积指数降低较快，后期衰老严重，与秸秆还田处理相比，对照处理叶面积指数较低的原因可能是没有秸秆的覆盖作用，土壤水分蒸发快，土壤有机质含量低，后期营养不足，从而抑制了作物的生长，导致作物衰老加速，叶面积指数下降快。花后 15～20 天免耕的叶面积指数大于深耕的叶面积指数，这是因为灌浆后期免耕处理能更好地保持水分和土壤营养，供小麦生长需求。花后 30 天，深松和免耕仍有部分叶片没有衰老，所以叶面积指数较高。

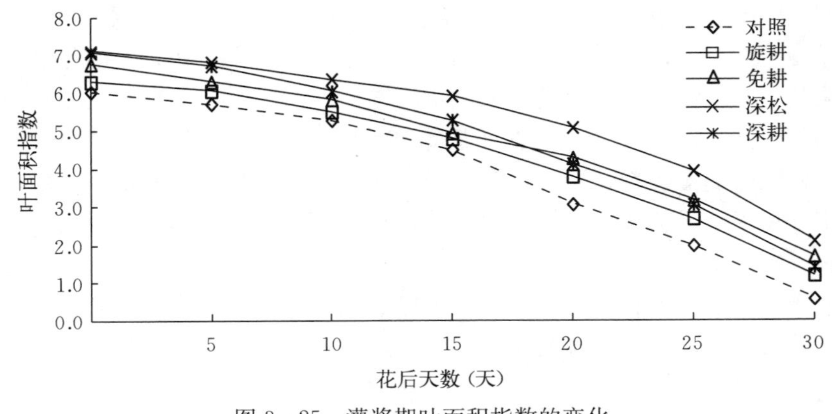

图 3-25　灌浆期叶面积指数的变化

四、旱地秸秆还田方式对小麦衰老及产量的影响

（一）旱地不同秸秆还田方式对小麦群体动态变化的影响

秸秆还田方式对小麦群体发育有着较大的影响，在相同的播量下，免耕处理苗数仅为 198.99 万/公顷，较旋耕还田处理少 37.8%，深松还田用免耕播种机播后，麦行间秸秆量较多，种子难以与土壤接触，造成苗数的不足。出苗最好的为旋耕和对照处理，显著高于其他处理。深耕还田处理出苗数少于对照和旋耕，这主要是由于旱地深耕后，耕层土壤扰动大，土壤失墒严重，造成小

麦出苗差。在返青期以前，以不还田对照处理群体最大，深松和免耕群体较小。返青期以后，深耕处理小麦群体高于对照处理，最终穗数较高；深松还田土壤疏松，有利于小麦根系下扎，小麦后期分蘖能力强。从分蘖成穗率来看，免耕还田成穗率最高，为 61.16%；旋耕和深松处理分蘖成穗率差异不显著；深耕和对照处理最小，这两个处理在拔节期群体最大，后期由于过大的群体造成群体的郁蔽，无效分蘖多，分蘖成穗率低（表 3－3）。

表 3－3　小麦群体动态变化（$\times10^4$/公顷）

处理	出苗期	越冬期	返青期	拔节期	开花期	成熟期	分蘖成穗率（%）
对照	321.98a	994.35a	1 141.64b	1 558.92b	900.54b	773.99b	49.65c
旋耕	320.03a	976.18b	1 210.33a	1 534.05c	916.11b	804.40ab	52.44b
免耕	198.99c	809.72e	955.62e	1 099.62e	853.52c	672.57c	61.16a
深松	223.56bc	822.61d	996.38d	1 155.44d	809.22d	620.56d	53.71b
深耕	298.89b	903.63c	1 102.73c	1 646.75a	977.26a	829.21a	50.35c

注：不同英文小写字母表示处理间差异显著（$P<0.05$）。

（二）旱地不同秸秆还田方式对花后小麦旗叶叶绿素含量的影响

叶绿素含量在一定程度上反映植物的衰老程度。旗叶叶绿素在花后 5 天达到最高值，然后逐渐下降，灌浆末期下降剧烈（图 3－26）。秸秆还田处理在开花 10 天后明显高于对照处理，在灌浆前期（0～10 天）与对照处理差异不显著，说明秸秆还田尤其在灌浆中后期能减缓叶绿素的降解，有利于光合作用，这与江晓东（2010）研究基本一致。秸秆还田处理间比较，在灌浆中前期（1～10 天）各处理差别不明显，前期以深耕处理叶绿素含量最高。这可能是因为深翻更有利于小麦前期的植株生长。在灌浆中后期，深松处理叶绿素含量最高，维持高值的时间长，叶绿素降解缓慢，总的趋势为深松＞免耕＞深耕＞旋耕。

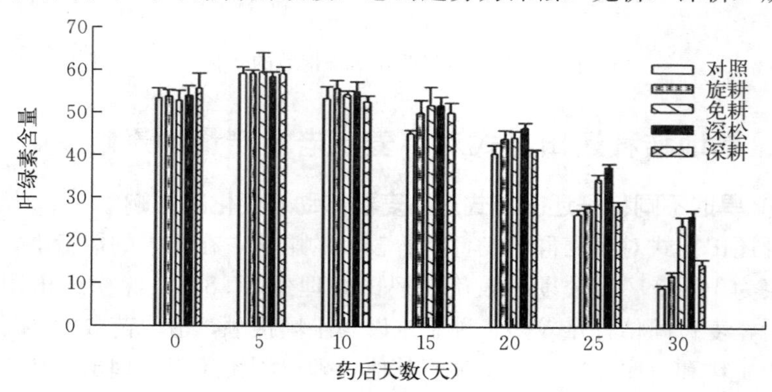

图 3－26　灌浆期不同处理旗叶叶绿素含量

（三）旱地不同秸秆还田方式对旗叶可溶性蛋白含量的影响

植物可溶性蛋白是酶类，多数能够参与各种代谢，其含量是植物一个重要的生理指标，可溶性蛋白含量高，则表示酶含量高，作物代谢旺盛；含量低，则酶含量低，作物代谢降低。同时，它还可以调节水势，抵抗干旱胁迫。由图3－27可以看出，从拔节期至灌浆末期，旗叶可溶性蛋白含量呈现先增长后下降的趋势，在花后5天含量达到最大值。秸秆还田条件下，各时期可溶性蛋白含量表现为深松＞免耕＞深耕＞旋耕。其中，深松、免耕处理拔节期到花后5天增长速度最高，之后降低缓慢；旋耕处理拔节期到花后5天增长最慢。拔节期到花期小麦生长代谢旺盛，可溶性蛋白含量持续增加，花期小麦会出现短时间的旺盛代谢，所以直到花后5天可溶性蛋白含量开始下降。不同处理之间，对照处理在拔节期到抽穗期可溶性蛋白含量较高，花期以后表现为深松＞免耕＞深耕＞旋耕＞对照，差异显著。对照处理在抽穗期到花后5天可溶性蛋白含量变化平稳，说明花期没有明显代谢旺盛阶段或代谢增加不明显，之后下降比较快。可溶性蛋白含量在花后5天之后下降比较平缓，没有出现先平缓后急速的降低现象，随着作物的衰老而含量减少，这可能因为可溶性蛋白含量与植物代谢呈相关性，当衰老趋势超出了酶所能保护的范围时，酶含量就会下降，可溶性蛋白含量也会相应下降。

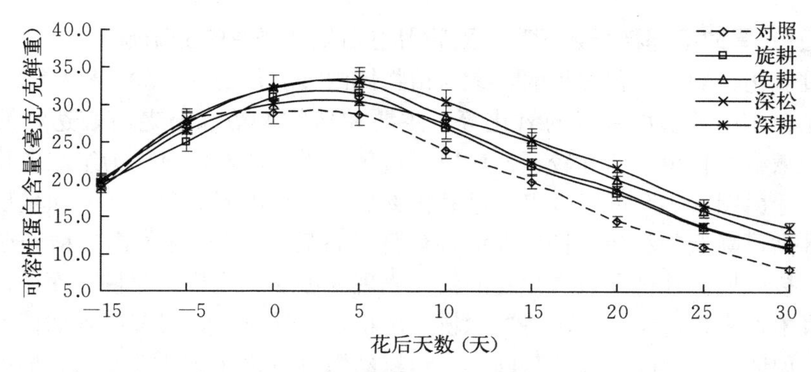

图3－27　不同时期旗叶可溶性蛋白含量的变化

（四）旱地不同秸秆还田方式对旗叶超氧化物歧化酶活性的影响

超氧化物歧化酶是生物体内的一种抗氧化酶，是生物体内清除自由基的首要物质，其活性与作物的生命活动有关。由图3－28可以看出，超氧化物歧化酶活性从拔节期到灌浆末期呈现先升高后降低的变化趋势，花期达到最大值。秸秆还田条件下，超氧化物歧化酶活性拔节期到花期表现为深松＞旋耕＞免耕＞深耕；花期到灌浆末期表现为深松＞免耕＞深耕＞旋耕，差异显著。拔节期到花期各处理土壤含水量差异较小，各处理指标差异不显著，花期以后土壤含水量差异明显，小麦生长势不同，所以各生理指标差异显著。不同耕作方式之间，各处理表现为深松＞免耕＞深耕＞旋耕＞对照，差异显著，对照处理从抽穗期到花后 5 天略有下降，花后 5 天之后下降加快，几乎成直线下降，对照处理没有秸秆还田，后期土壤水分蒸发快，对小麦干旱胁迫严重，造成酶活性下降较快。花后 10～20 天深松、免耕处理下降相对缓慢，这与保护性耕作免耕、少耕处理能够有效地保持土壤水分和土壤养分有关，灌浆末期小麦衰老严重，酶活性降至最低。

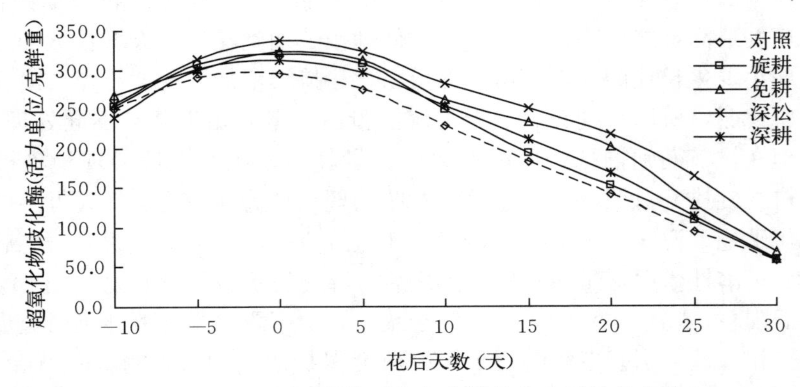

图 3－28　不同时期旗叶超氧化物歧化酶活性的变化

（五）旱地不同秸秆还田方式对旗叶过氧化物酶活性的影响

过氧化物酶是一种保护酶，参与植物体内过氧化物的清除、植物的呼吸作用、光合作用及植物激素的氧化等，主要在植物逆境和衰老时表达，活性较高，幼嫩组织较少，活性较弱。所以，过氧化物酶活性可以作为组织老化的指标之一。由图 3－29 可以看出，过氧化物酶活性从拔节期到灌浆末期呈现先降低后升高再降低的趋势，抽穗期活性最低，花后 10 天活性最高。秸秆还田条件下，拔节期到抽穗期过氧化物酶活性表现为深耕＞旋耕＞免耕＞深松；花期到灌浆末期表现为深松＞免耕＞深耕＞旋耕，差异显著。拔节期到抽穗期活性降低，说明此段时间小麦生长旺盛，组织幼嫩过氧化物酶活性较低。抽穗期到花后 10 天，植物组织逐渐成熟老化，过氧化物酶活性升高。花后 20 天之后，植物组织衰老严重，各处理酶活性迅速降低，随着作物的衰老，过氧化物酶活性也迅速降低。不耕作方式之间，拔节期至抽穗期过氧化物酶活性表现为对照＞深耕＞旋耕＞免耕＞深松，差异显著；花期至灌浆末期表现为深松＞免耕＞深耕＞旋耕＞对照，差异显著。各试验处理从花期到花后 10 天植物组织衰老，但过氧化物酶活性升高，从而阻止衰老的加剧；花后 20 天以后，植物组织衰老严重，植物组织衰老超出了酶的修复范围，随着植株的衰老，酶活性随之迅速降低。

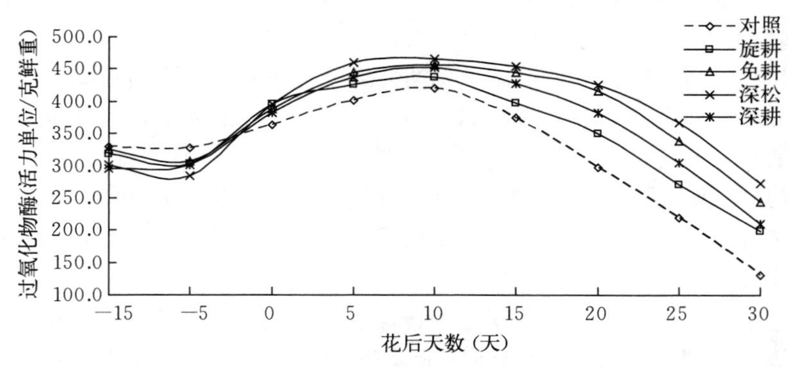

图 3－29　不同时期旗叶过氧化物酶活性的变化

（六）旱地不同秸秆还田方式对旗叶过氧化氢酶活性的影响

过氧化氢酶专用于催化过氧化氢，使其分解为氧气和水，过氧化氢酶广泛存在于细胞的过氧化物体内，占过氧化物酶体总量的 40%左右。由图 3－30 可以看出，过氧化氢酶活性从拔节期到灌浆末期呈现先下降后上升再下降的变化趋势，花后 5 天达到最高。在秸秆还田条件下，过氧化氢酶活性从拔节期到花期表现为深松>免耕>旋耕>深耕，差异不显著；花期到灌浆末期表现为深松>免耕>深耕>旋耕，差异显著。花期免耕处理过氧化氢酶活性略高于深松处理，但差异不显著。不同耕作条件下，过氧化氢酶活性从拔节期到花期表现为深松>免耕>对照>旋耕>深耕，花期到灌浆末期表现为深松>免耕>深耕>旋耕>对照，差异显著。过氧化氢酶清除植物体内过氧化氢，免除其对植物体的伤害，同时还可以清除超氧化物歧化酶代谢产生的过氧化氢。拔节期之前小麦受低温影响，植物体过氧化氢酶活性较高，随着温度升高，小麦生长加快，过氧化氢酶活性略微较低。但当代谢速度较高时，产生大量的过氧化物，

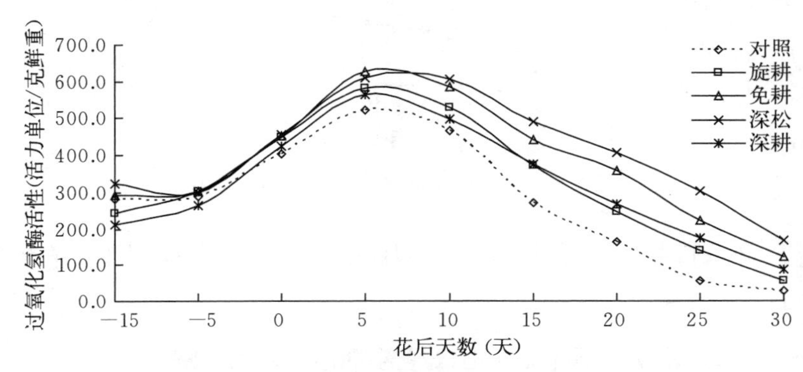

图 3－30　不同时期旗叶过氧化氢酶活性的变化

因此酶的活性开始增加。开花后小麦植株开始衰老，体内产生更多的过氧化物，过氧化氢酶出现了活性暂时升高的现象，以阻止衰老的进行。当植株的衰老已经超出酶所能保护的范围后，酶活性随着植株的衰老开始降低。花后 20～30 天过氧化氢酶活性降低很快，并且在花后 30 天降至最低，活性很小。此阶段植株的衰老速度加快，过氧化氢酶活性下降也最快。

（七）旱地不同秸秆还田方式对旗叶丙二醛含量的影响

丙二醛是植物体内脂肪酸过氧化物降解的产物，其含量过高会引起蛋白质和核酸等大分子的聚合，对植物本身具有毒害作用。由图 3-31 可以看出，丙二醛含量呈现先降低后上升的变化趋势，在花期达到了最低值。在秸秆还田条件下，拔节期到花后 15 天丙二醛含量表现为深耕＞旋耕＞免耕＞深松，差异不显著；花后 20 天之后表现为旋耕＞深耕＞免耕＞深松，差异显著。不同耕作方式之间，其含量表现为对照＞旋耕＞深耕＞免耕＞深松，差异显著，对照处理灌浆后期上升最快。拔节期以前由于冬天的低温胁迫使得小麦丙二醛含量很高，拔节期至花期小麦生命活动旺盛，含量逐渐降低，进入灌浆期，小麦缓慢衰老，所以丙二醛含量逐渐增加。花后 15 天，小麦衰老加剧，丙二醛含量上升加快，灌浆末期达到最大值。花后 15～20 天，旋耕处理丙二醛含量高于深耕，与这两种耕作方式造成土壤含水量不同有关。花后 20～30 天，丙二醛含量上升很快，30 天达到最大值，丙二醛在植物体内积累，不会随着作物的衰老而减小，其含量是逐渐积累的过程。

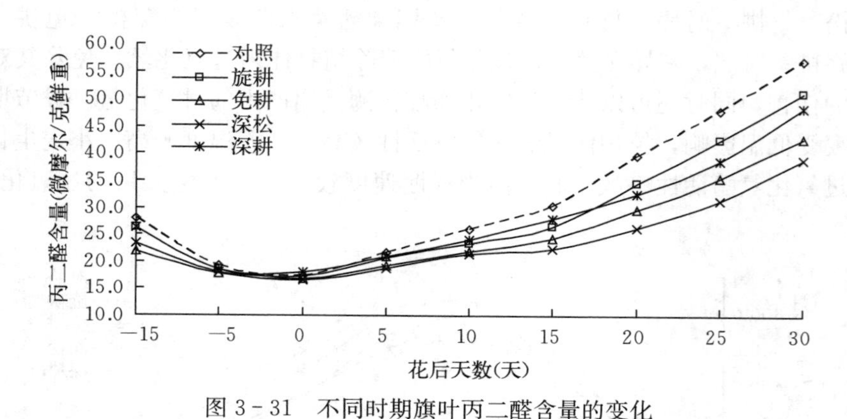

图 3-31　不同时期旗叶丙二醛含量的变化

五、不同耕作方式及秸秆还田对小麦灌浆期旗叶光合指标的影响

（一）不同耕作方式及秸秆还田对灌浆期透光率的影响

小麦透光率是指在某一层次的光合有效辐射与顶层光合有效辐射的比值，

其值的大小能反映植物群体的大小和植物的衰老情况。由表 3－4 可以看出，试验相同处理不同层次之间，透光率表现为 60 厘米＞40 厘米＞0 厘米；不同时期相同层次之间，随着生育期的推进，透光率逐渐增加，即透光率表现为收获期＞灌浆期＞开花期。

表 3－4　不同生育时期不同层次透光率的变化

生育时期	层次（厘米）	有效辐射（%）/透光率（%）	对照	旋耕	免耕	深松	深耕
开花期	60	有效辐射	510.30	437.90	466.70	466.70	447.00
		透光率	35.50	33.30	34.90	34.60	32.00
	40	有效辐射	98.70	107.30	127.20	147.30	126.00
		透光率	6.90	8.10	9.50	10.90	9.00
	0	有效辐射	77.20	33.90	31.80	21.40	39.20
		透光率	5.30	2.60	2.40	1.60	2.80
灌浆期	60	有效辐射	429.10	324.20	411.20	427.30	358.50
		透光率	42.30	37.80	35.50	35.70	39.20
	40	有效辐射	256.00	276.00	227.00	196.00	193.00
		透光率	25.20	24.60	19.60	16.50	21.10
	0	有效辐射	66.00	53.00	65.00	47.00	32.00
		透光率	6.50	4.70	5.60	3.90	3.50
收获期	60	有效辐射	1 128.90	1 056.60	851.50	827.60	1 011.20
		透光率	81.80	77.40	65.50	62.90	74.60
	40	有效辐射	489.80	413.70	374.30	368.20	402.70
		透光率	35.50	30.30	28.80	28.00	29.70
	0	有效辐射	251.10	208.90	178.10	171.00	191.20
		透光率	18.20	15.30	13.70	13.00	14.10

不同耕作方式之间，同时期同层次以对照处理透光率最大，深松最小，不同时期同层次表现为收获期＞灌浆期＞开花期，收获期对照处理透光率最大，60 厘米层透光率达到 80%，表明此时对照处理旗叶衰老严重，各叶片已经基本停止光合作用。在秸秆还田条件下，开花期 60 厘米层透光率表现为免耕＞深松＞旋耕＞深耕，灌浆期表现为深耕＞旋耕＞深松＞免耕，收获期表现为旋耕＞深耕＞免耕＞深松。

各层次透光率在花期至灌浆期上升较慢，灌浆期到收获期上升较快，其中 60 厘米层上升最高，40 厘米层次之，0 厘米层上升最慢。从开花期至收获期，透光率不断增大。其中，深松处理 0 厘米层透光率上升慢，灌浆至收获期透光率小，收获期仍有部分叶片为绿色，可以维持一定的光合作用，有利于增加产量。

（二）不同耕作方式及秸秆还田对灌浆期旗叶净光合速率的影响

由图 3-32 可以看出，在整个灌浆期小麦净光合速率呈降低趋势，其中花期到花后 5 天和花后 20～30 天时间内下降相对较快，花后 5～20 天下降较为缓慢。这可能是因为花期生命活动旺盛，净光合速率最高，之后趋于稳定，所以净光合速率略有下降，而后期水分胁迫导致植物衰老加速，净光合速率下降较快。

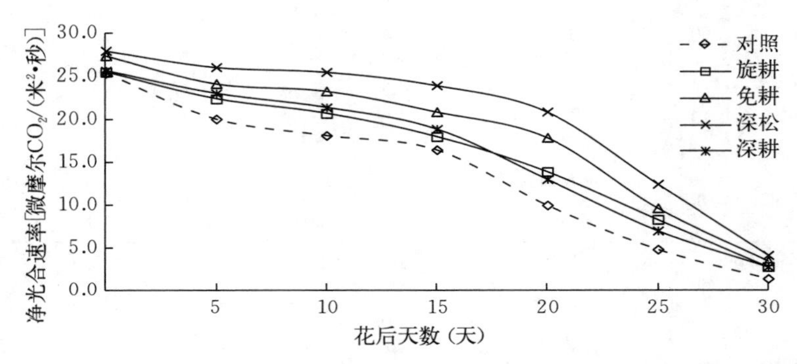

图 3-32　灌浆期旗叶净光合速率的变化

不同耕作方式之间表现为深松最高，对照最低，差异显著。这可能是因为对照处理灌浆期土壤水分散失最快，水分供应不足，所以净光合速率最低并且下降最快。在秸秆还田条件下，花期到花后 15 天净光合速率表现为深松＞免耕＞深耕＞旋耕，差异显著；花后 15～30 天净光合速率表现为深松＞免耕＞旋耕＞深耕，差异显著。这可能是因为深耕处理对土壤的扰动较大，后期土壤水分散失较快，使净光合速率降低相对较快。花后 25 天之后小麦光合速率迅速降低，此时小麦进入蜡熟期，由于小麦旗叶衰老严重，所以净光合速率下降最快。

（三）不同耕作方式及秸秆还田对灌浆期旗叶胞间二氧化碳浓度的影响

由图 3-33 可以看出，胞间二氧化碳浓度为逐渐升高的变化趋势，其中开花期至花后 5 天和花后 20 天以后上升较快，花后 5～20 天上升较缓慢。不同耕作方式条件下，表现为对照最高，深松最低，差异显著。在秸秆还田条件下，花期至花后 15 天表现为旋耕＞深耕＞免耕＞深松，花后 15～30 天表现为深耕＞旋耕＞免耕＞深松。这可能是因为前期土壤水分含量高，气孔张开度大，胞间二氧化碳浓度小；后期水分缺乏，深耕处理的土壤含水量下降比旋耕处理快，所以胞间二氧化碳浓度增大较快。灌浆期对水分的需求量很大，不同处理后期土壤的含水量不同，深松处理土壤含水量较高，所以小麦气孔张开度相对较大，胞间二氧化碳浓度小；而对照处理小麦气孔张开度小，胞间二氧化碳浓度就大。花后 30 天以后，小麦几乎完全衰老，所以胞间二氧化碳浓度接近空气的二氧化碳浓度，二氧化碳浓度很高。

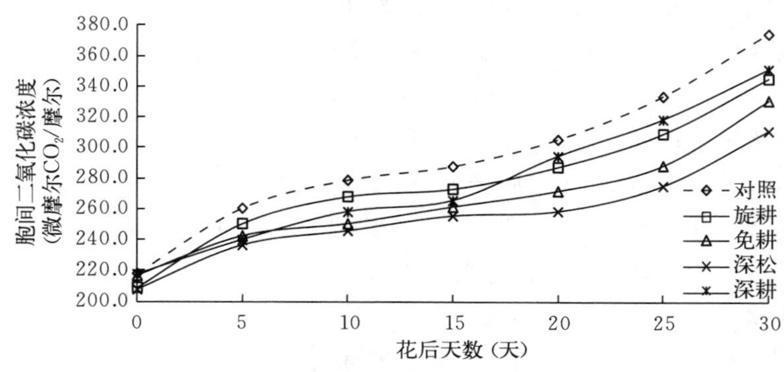

图 3－33　灌浆期旗叶胞间二氧化碳浓度的变化

（四）不同耕作方式及秸秆还田对灌浆期旗叶气孔导度的影响

由图 3－34 可以看出，旗叶气孔导度在整个灌浆期呈现逐渐降低的变化趋势。不同耕作方式之间，秸秆还田处理的气孔导度在整个灌浆期都大于对照，对照处理旗叶气孔导度最小，花后 10 天开始下降比较快，灌浆后期旗叶气孔导度几乎呈现直线下降，这是对照处理小麦灌浆后期衰老较快所致。在秸秆还田条件下，各试验处理在灌浆前期旗叶气孔导度表现为深松＞免耕＞旋耕＞深耕，灌浆后期表现为深松＞免耕＞深耕＞旋耕。花后 0～5 天下降速度较快，花后 5～20 天变化比较平缓，花后 20 天之后下降比较迅速，花后 15～20 天深耕处理旗叶气孔导度大于旋耕处理。灌浆前期，较大的旗叶气孔导度有助于作物光合作用中二氧化碳的吸收，通过同化作用将二氧化碳转化成有机物储存于植物体内，进而增大灌浆速率，有助于植物产量的形成。

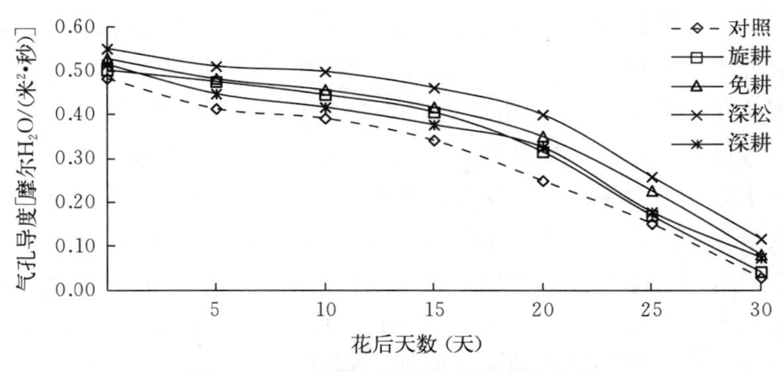

图 3－34　灌浆期旗叶气孔导度的变化

（五）不同耕作方式及秸秆还田对灌浆期旗叶蒸腾速率的影响

由图 3-35 可以看出，在整个灌浆期旗叶的蒸腾速率呈现逐渐降低的趋势，各处理在花后 0～5 天蒸腾速率下降比较快。不同耕作方式之间，深松处理的蒸腾速率在整个灌浆期最高，对照最低。对照在花后 5～10 天下降比较缓慢，花后 10～30 天成直线下降。深松、免耕处理在花后 5～20 天下降缓慢，花后 20～30 天下降迅速，且免耕的下降速度大于深松。旋耕和深耕处理在花后 5～15 天下降缓慢，15～30 天下降迅速，并且深耕的下降速率大于旋耕。所有试验处理在花后 10 天之后表现出了比较大的差异，在花后 15～25 天各处理之间差异较大，花后 15～20 天是小麦灌浆的重要时期，较高的水分利用效率能促使小麦充分利用水分进行光合作用，促进小麦灌浆，但较高的蒸腾速率会使土壤水分过快地散失，不利于小麦生长。当土壤水分充足时，蒸腾速率较高则有利于小麦维持自身代谢的平衡，更有利于作物生长。

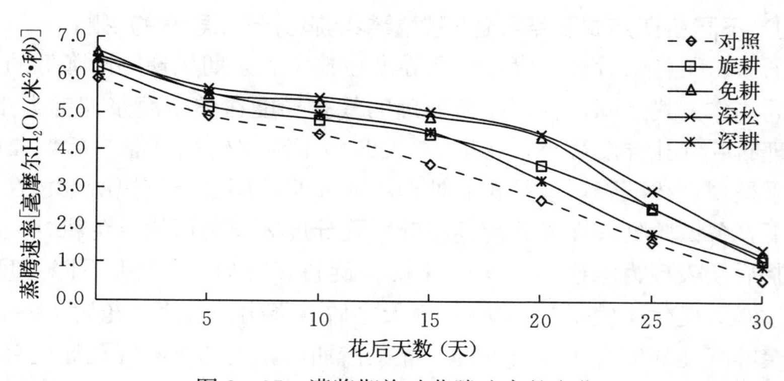

图 3-35　灌浆期旗叶蒸腾速率的变化

（六）不同耕作方式及秸秆还田对灌浆期旗叶水分利用效率的影响

由图 3-36 可以看出，水分利用效率的变化趋势在不同处理之间各不相同。深松处理从花期至花后 20 天逐渐上升，20 天后逐渐下降；旋耕、免耕和深耕处理从花期至花后 10 天上升，10 天之后逐渐下降；对照表现为逐渐下降的趋势。各试验处理以深松处理最高，旋耕、免耕、深耕次之，对照最低。对照处理的水分利用效率最低与该处理土壤含水量小有很大关系。秸秆还田处理在灌浆期水分利用效率都有一定的升高，然后降低，而对照处理从开花期开始一直降低。这说明灌浆前期在秸秆还田条件下各试验处理的净光合速率变化幅度比蒸腾速率的变化幅度大，收获期变化幅度变小，对照处理在整个灌浆期净光合速率的变化幅度要比蒸腾速率的变化幅度小。

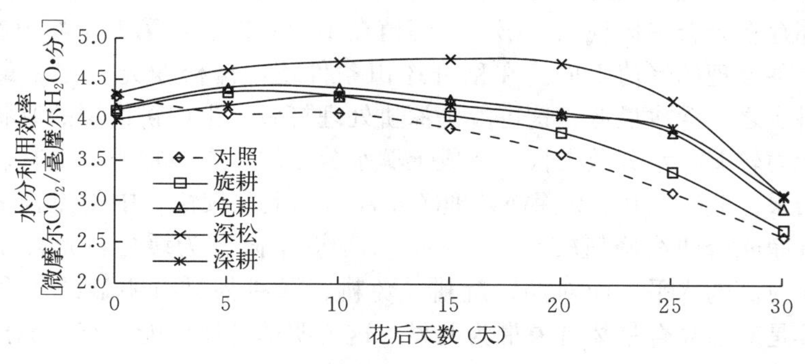

图 3－36　灌浆期旗叶水分利用效率的变化

六、不同耕作方式及秸秆还田对小麦旗叶光合指标日变化的影响

（一）不同耕作方式及秸秆还田对灌浆期旗叶叶绿素含量的影响

叶绿素是绿色植物进行光合作用所必需的色素分子，参与光合作用中光能的吸收、传递、转换等过程，在光合作用中起非常重要的作用。叶绿素含量在一定程度上反映植物的光合作用能力。由图 3－37 可以看出，不同耕作方式之间，小麦旗叶叶绿素含量表现为免耕＞深松＞旋耕＞深耕＞对照，秸秆还田处理的叶绿素含量高于传统耕作处理，差异显著。免耕、深松处理小麦旗叶叶绿素含量较大，说明秸秆还田后的分解有利于土壤有机碳的增加，土壤耕作次数的减少，有利于土壤水分的保持，从而在小麦前期生长过程中有利于叶绿素的积累。

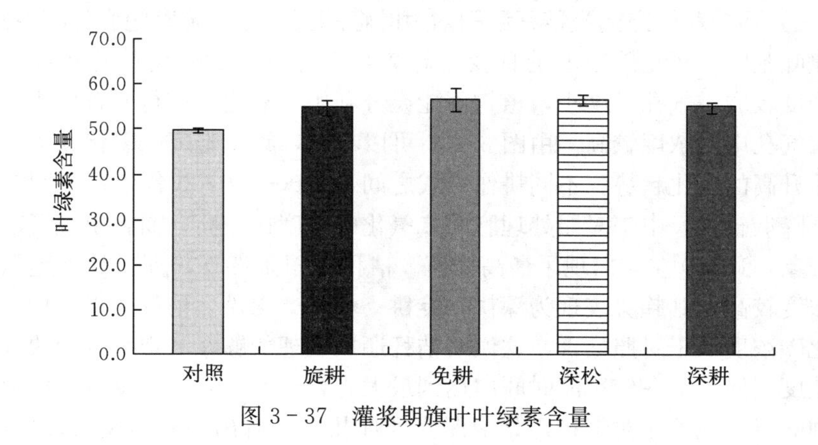

图 3－37　灌浆期旗叶叶绿素含量

（二）不同耕作方式及秸秆还田对旗叶净光合速率日变化的影响

图 3－38 反映了不同耕作方式及秸秆还田对小麦旗叶净光合速率日变化的

规律。各处理变化曲线为先升高后下降的变化趋势，均为“双峰曲线”，说明各处理都存在光合午休现象，第一个峰值在10:00左右，第二个峰值在13:00左右，但各处理的峰值不同。在秸秆还田条件下，深松净光合速率最高，免耕、旋耕次之，深耕最低。这可能是深耕处理打破了土壤耕作层的原状，土壤的持水能力较差，水分散失快，造成土壤水分亏缺，在一定程度上减缓了光合作用的结果。6:00—10:00深松处理净光合速率上升较快，中午光合午休现象不明显，净光合曲线峰值较小，12:00—15:00下降较为缓慢，光合作用能够维持在相对高的水平。而对照、旋耕、免耕、深耕都具有明显的光合午休现象，尤其是对照光合午休现象最为明显。这说明秸秆还田能够有效地抑制光合午休现象，使小麦旗叶净光合速率处于较高水平。

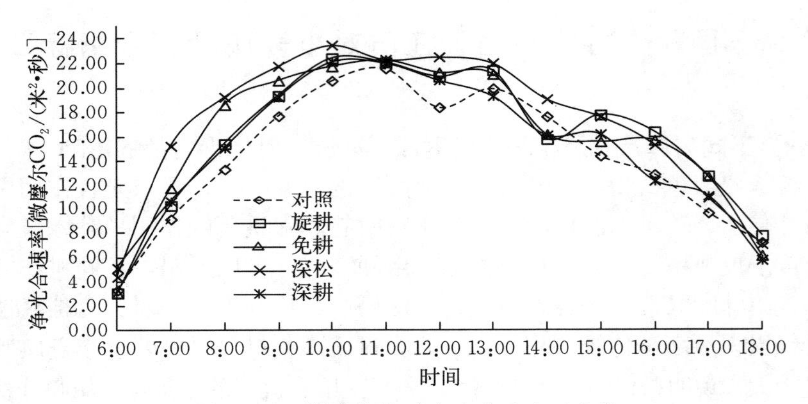

图3-38　灌浆期旗叶净光合速率日变化

（三）不同耕作方式及秸秆还田对旗叶胞间二氧化碳浓度日变化的影响

旗叶胞间二氧化碳浓度的日变化趋势与气孔导度的变化趋势相反。6:00光照强度较弱，气孔导度小，植物不能充分利用二氧化碳进行光合作用，二氧化碳在气孔中的浓度较高。由图3-39可以看出，旗叶胞间二氧化碳浓度呈先降低后升高的变化趋势。不同耕作方式之间，6:00—10:00各处理胞间二氧化碳浓度降低较快，中午对照处理胞间二氧化碳浓度比较高，而且出现了明显的双峰现象，14:00左右出现了最高峰值。秸秆还田条件下，深耕处理胞间二氧化碳浓度较高，其趋势表现为深耕＞旋耕＞免耕＞深松。秸秆还田处理的胞间二氧化碳浓度低于对照处理，这说明秸秆还田处理能够在一定程度加快气孔的张开速度，使小麦在较短的时间内达到最大光合速率。旋耕、免耕、深松、深耕处理的双峰现象相对较轻，其中深松处理几乎没有出现双峰现象，15:00—18:00二氧化碳浓度上升较缓慢。这说明深松处理在15:00—18:00也能较好地利用二氧化碳进行光合作用。

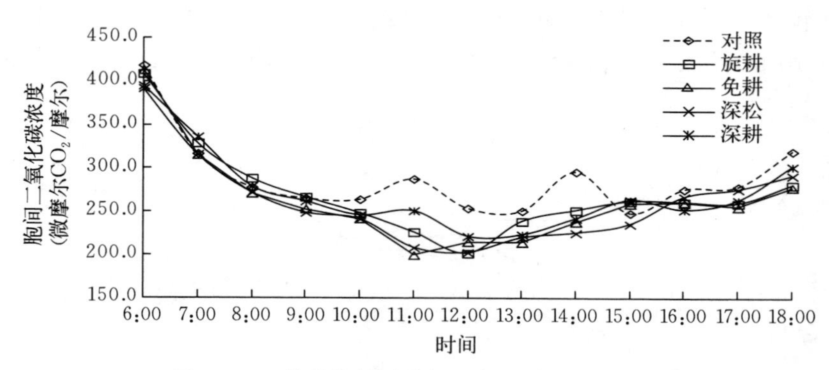

图 3－39　灌浆期旗叶胞间二氧化碳浓度日变化

（四）不同耕作方式及秸秆还田对旗叶气孔导度日变化的影响

气孔导度是指气孔张开度的大小，与光合作用息息相关，一定条件下会成为抑制光合作用的主要因素。由图 3－40 可以看出，小麦旗叶的气孔导度日变化趋势与净光合速率的变化趋势相同，也是“双峰曲线”。不同耕作方式之间，深松和免耕处理的气孔导度在 6:00—10:00 增长较快，15:00—18:00 下降缓慢，“双峰现象”不明显，说明这两种耕作方式能够较好地保持气孔张开，减缓光合午休现象。对照、旋耕、深耕处理气孔导度 6:00—10:00 变化趋势基本相同，上升较慢。而 15:00—18:00 对照处理气孔导度下降比较快，光合午休最为明显。对照处理的土壤有机碳含量没有秸秆还田处理高，这可能是导致气孔导度较小的原因。

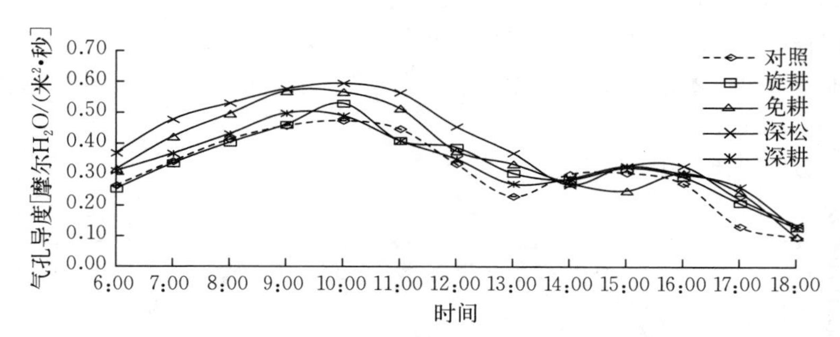

图 3－40　灌浆期旗叶气孔导度日变化

（五）不同耕作方式及秸秆还田对旗叶气孔限制值日变化的影响

由图 3－41 可以看出，气孔限制值变化曲线也是“双峰曲线”。6:00—11:00 气孔限制值迅速上升，11:00—15:00 出现双峰现象，17:00—18:00 气孔限制值迅速下降。各处理也是在 11:00 左右和 14:00 左右出现峰值。不同耕作方式之间，气孔限制值表现为对照＞深耕＞免耕＞旋耕＞深松，对照和深耕处理出现了比较明显的双峰现象，而深松处理始终保持最低，双峰现象不明显。旗叶气孔限制值并不完全与气孔导度成反比，它是结合胞间二氧化碳浓度和环境浓度的比值所得。

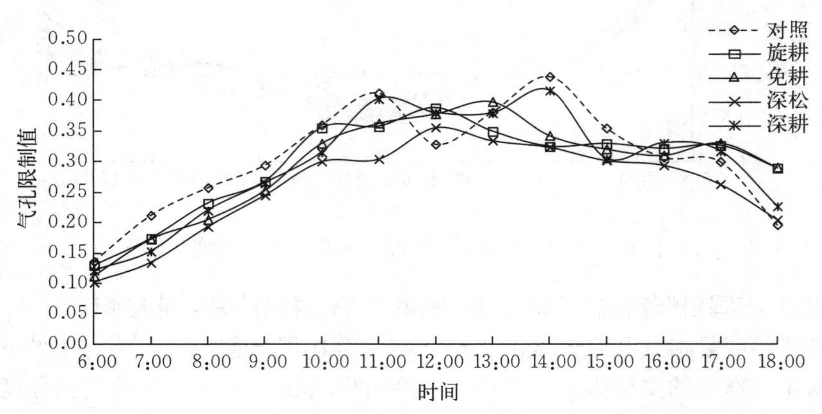

图 3-41　灌浆期旗叶气孔限制值日变化

（六）不同耕作方式及秸秆还田对旗叶蒸腾速率日变化的影响

图 3-42 显示，小麦旗叶蒸腾速率日变化曲线在不同的耕作处理条件下也是先升高后降低的“双峰曲线”。6:00—10:00 随着温度的升高、空气相对湿度的减小和气孔的张开，蒸腾速率随之增加，在 11:00 左右达到一天的峰值。随着温度的继续升高，气孔开始关闭，15:00—18:00 气温较低，气孔张开，在 14:00 左右再次出现峰值，然后下降。深松处理蒸腾速率最高，深耕处理最低。这说明秸秆还田在一定情况下也增加了小麦旗叶的蒸腾速率，增加了农田小气候的空气湿度，降低了温度。不同耕作方式之间，蒸腾速率峰值表现为深松>深耕>免耕>对

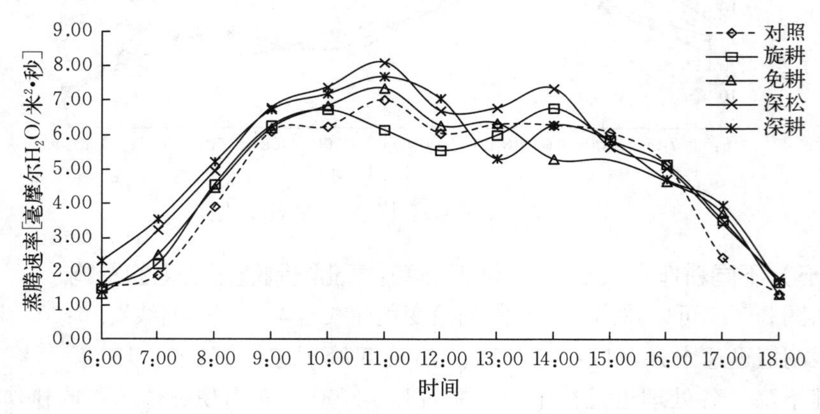

图 3-42　灌浆期旗叶蒸腾速率日变化

照>旋耕，深松处理曲线相对平缓，对照和深耕处理出现了比较明显的双峰。

（七）不同耕作方式及秸秆还田对旗叶水分利用效率日变化的影响

水分利用效率是指单位耗水量产出的同化物量，其大小也可以反映小麦生产单位重量干物质的需水量。由图 3－43 可以看出，旗叶水分利用效率的变化曲线在不同时间段表现出不同的变化趋势，6:00—12:00 水分利用效率变化较大，12:00—18:00 变化较小。各试验处理在 6:00—7:00、9:00—11:00、12:00—14:00、16:00—18:00 均逐渐升高，7:00—9:00、11:00—13:00、14:00—16:00 均逐渐下降。6:00—7:00 由于气温较低，旗叶蒸腾速率小，随着光照强度增加，光合作用逐渐增强，所以水分利用效率上升很快。7:00—9:00 温度上升加快，蒸腾速率增大，虽然光合速率也在增长，但蒸腾速率的增加速率大于光合作用，所以水分利用效率降低。9:00—11:00 当气温升高到一定值时，气孔导度减小，蒸腾速率降低，此时光合作用也降低，当两者降低速率不同，水分利用效率上升。11:00—14:00 由于中午气温和光照强度太高，小麦出现了光合午休现象，水分利用效率也出现了“双峰曲线”现象。14:00—16:00 气孔再度张开，水分利用效率降低，16:00—18:00 水分利用效率又再度升高。秸秆还田各试验处理水分利用效率高于对照处理，说明秸秆还田更有利于作物干物质的积累，对小麦产量形成非常重要。

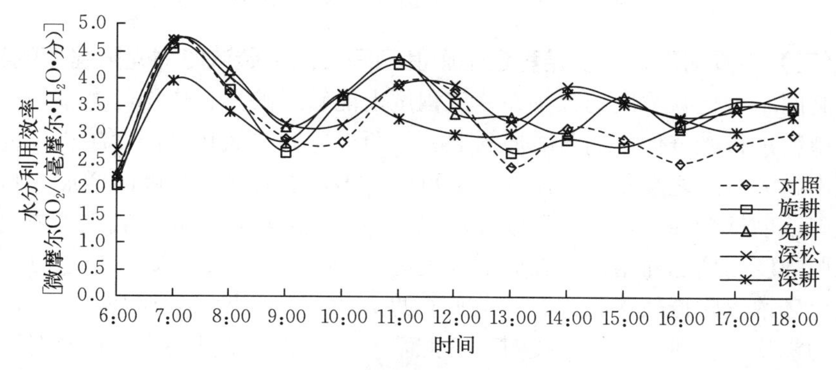

图 3－43　灌浆期旗叶水分利用效率日变化

七、不同耕作方式及秸秆还田小麦灌浆期旗叶光照强度响应

（一）不同耕作方式及秸秆还田旗叶净光合速率对光照强度的响应

由图 3－44 可以看出，随着光照强度的增加，旗叶净光合速率不断增大，增大到一定强度后，净光合速率趋于稳定，光照强度再增加，净光合速率则会下降，净光合速率在光照强度为 100～800 微摩尔/（米^2·秒）时上升最快。光照强度在0～400 微摩尔/（米^2·秒）时，净光合速率表现为对照>旋耕>免耕>深

耕>深松。各处理由于光照强度的影响，净光合速率相差较小。光照强度在 400～2 000 微摩尔/(米² · 秒）时，则表现为深松>免耕>深耕>旋耕>对照，此时光照强度较强，净光合速率增加较快，各试验处理间表现出了较大的差异。秸秆还田条件与传统耕作相比，0～400 微摩尔/(米² · 秒）以传统耕作的上升较快，400～2 000 微摩尔/(米² · 秒）则是秸秆还田处理上升较快。与秸秆还田处理相比，对照处理的小麦生长势弱，呼吸速率较低。所以，当光照较弱时，对照处理净光合速率增加相对较快，而光照增加到一定强度后，秸秆还田处理净光合速率增加较快，超过了对照处理。

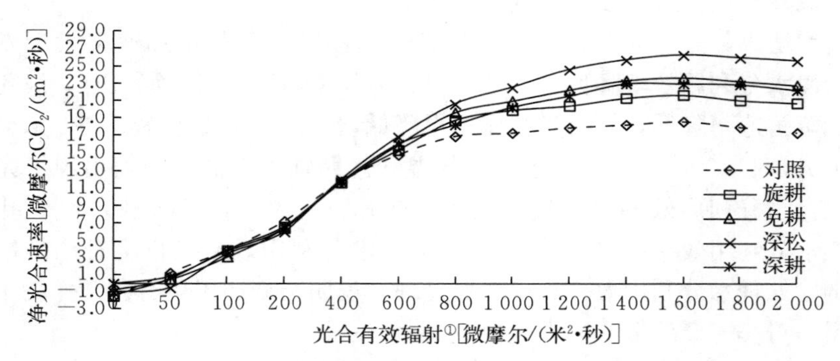

图 3-44　灌浆期旗叶净光合速率对光照强度的响应

（二）不同耕作方式及秸秆还田旗叶胞间二氧化碳浓度对光照强度的响应

胞间二氧化碳浓度的大小在一定程度上能够反映光合作用的大小，二氧化碳是植物进行光合作用的重要原料之一，所以胞间二氧化碳浓度越小，说明光合速率越大，反之越小。由图 3-45 可以看出，随着光照强度的增加，胞间二氧化碳浓度逐渐降低，当光照强度增加到一定程度后，胞间二氧化碳浓度则随着光照强度的增加而增加。在光照强度为 0～400 微摩尔/(米² · 秒）时，胞间二氧化碳浓度降低较快，400～2 000 微摩尔/(米² · 秒）时则相对平缓，具体表现为深松>免耕>深耕>旋耕>对照，差异显著。秸秆还田处理与对照相比较，在 0～400 微摩尔/(米² · 秒）时，对照表现出较小的浓度，这是因为对照的光合速率增加较快，植株在进行光合作用时利用二氧化碳的速度也加快，气孔张开，所以二氧化碳浓度降低得较快。在 400～2 000 微摩尔/(米² · 秒）时，由于光照强度的增加激发了光合作用，秸秆还田处理胞间二氧化碳浓度开始降低。光照强度的增加会在一定程度上抑制气孔的张开，气孔张开度减小，二氧化碳浓度略有增加。

---

① 光合有效辐射是表征光照强度的指标。

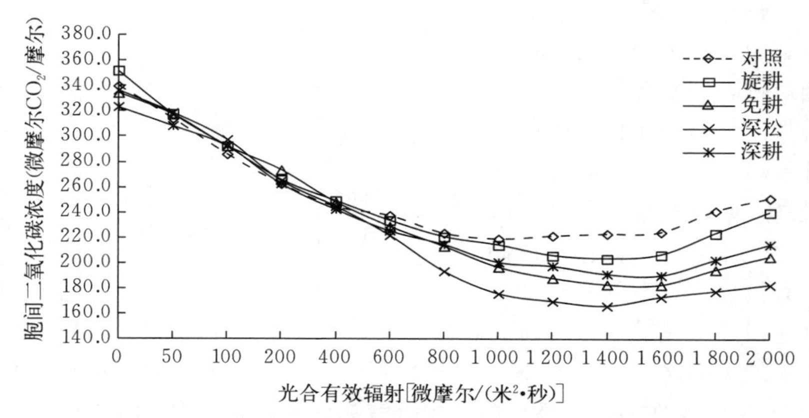

图 3-45　灌浆期旗叶胞间二氧化碳浓度对光照强度的响应

（三）不同耕作方式及秸秆还田光补偿点和光饱和点对光照强度的响应

植物的呼吸速率因植物生长状况的不同而不同。由图 3-46 可以看出，不同耕作方式之间旗叶呼吸速率表现为深松＞免耕＞旋耕＞对照＞深耕。深松、免耕、旋耕处理的呼吸速率较高，说明这 3 个处理与对照相比生长旺盛，有比较高的呼吸速率；深耕处理的呼吸速率较低，可能因为前期生长缓慢所致。由图 3-47 可以看出，不同耕作方式之间表现为深松＞免耕＞旋耕＞对照＞深耕。因为弱光下的光合作用上升较慢，光合作用启动时有部分光合作用补偿呼吸消耗，较大的呼吸速率就需要较强的光补偿点，所以深松处理的光补偿点最高，深耕处理的光补偿点最低。

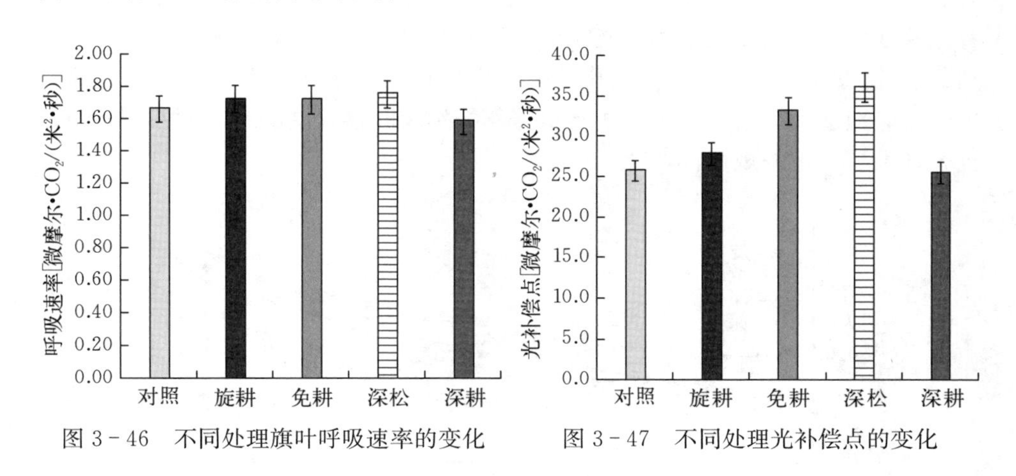

图 3-46　不同处理旗叶呼吸速率的变化　　图 3-47　不同处理光补偿点的变化

由图 3-48 可以看出，不同耕作方式之间表现为深松＞免耕＞深耕＞旋耕＞对照。光饱和点是光合速率达到最大时的光照强度。在夏季 5—7 月，光照强度较强，较高的光饱和点有利于小麦充分利用光能进行光合作用，即使在相对较高的光照强度下也能进行光合作用。秸秆还田处理的光饱和点都很高，尤其深松处理的光饱和点最高，所以秸秆还田处理能较好地利用光能进行光合作用以储存更多的有机物，较高的光饱和点也是秸秆还田处理能够有效抑制光合午休现象的原因之一。

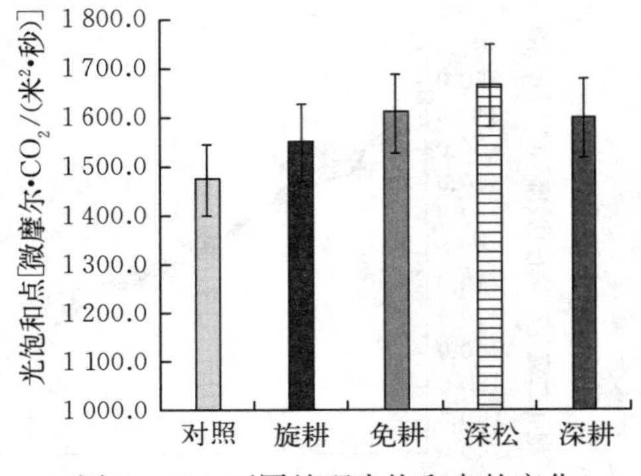

图 3-48 不同处理光饱和点的变化

（四）不同耕作方式及秸秆还田旗叶气孔导度对光照强度的响应

气孔导度随光照强度的变化趋势与日变化的不同，日变化光强也是由 0 增大到一定的强度，但在整个过程中日变化需要持续很长时间，而光响应持续时间较短，变化幅度较小。由图 3-49 可以看出，气孔导度呈现逐渐增大的趋势，不同试验处理在不同光照强度下出现了一定的降低。秸秆还田条件下，气孔导度对光照强度的响应表现为免耕＞深松＞深耕＞旋耕。其中，免耕处理在光照强度达到 1 400 微摩尔/(米^2 · 秒）时气孔导度出现了一定下降，深松处理在光照强度为 800～1 200 微摩尔/(米^2 · 秒）时出现了一定下降，深耕和旋耕处理都是在光照强度为 1 200 微摩尔/(米^2 · 秒）时出现了一定下降。不同耕作方式之间，气孔导度对光照强度的响应表现为免耕＞深松＞深耕＞旋耕＞对照，对照处理在光照强度为 1 000 微摩尔/(米^2 · 秒）时有所降低，之后随着光照强度的增加比较平稳。光响应试验时光照强度在较短的时间内由 0 增加到2 000 微摩尔/(米^2 · 秒)，气孔导度的变化在较短时间内由于光照的应激性也会相应地增大，增大的规律也会根据作物生长旺盛程度的不同而不同，所以也表现出了一定的规律性变化。

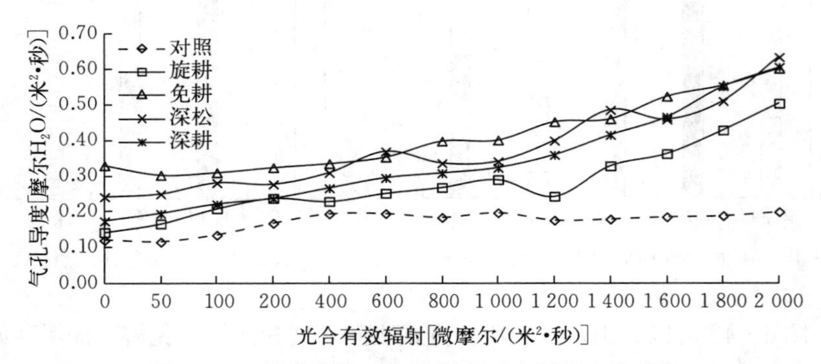

图 3-49 灌浆期旗叶气孔导度对光照强度的响应

（五）不同耕作方式及秸秆还田旗叶蒸腾速率对光照强度的响应

光照是影响植物蒸腾速率大小的主要外界条件，光照越强，叶室温度越高，叶片的温度就越高，叶片温度升高增加了叶片内部蒸汽压，加快了叶片的蒸腾。由图 3－50 可以看出，随着光照强度的增加，蒸腾速率不断增加。在整个过程中，深松处理的蒸腾速率相对较低，对照处理最高。深松处理在光照强度增加到一定程度后，随着光照强度的增加，蒸腾速率增加缓慢，这是植株的一种调节机制，能够有效地防止土壤水分的散失，但随着光照强度的增加，蒸腾速率仍然缓慢升高，高光照强度会提升空气温度，高温则会增加蒸腾速率，这种增加超出了作物控制的范围，因此蒸腾速率还会缓慢增加。在植株不缺水的情况下，随着光照强度的增加，蒸腾速率会增加，这有利于降低植株温度，保护植物组织不受破坏。而在植株缺水的情况下，植株蒸腾速率的增加则不利于植物生长，随之植株关闭气孔，防止过多水分散失，这是作物根据外界环境调节生长的一种生理机制。

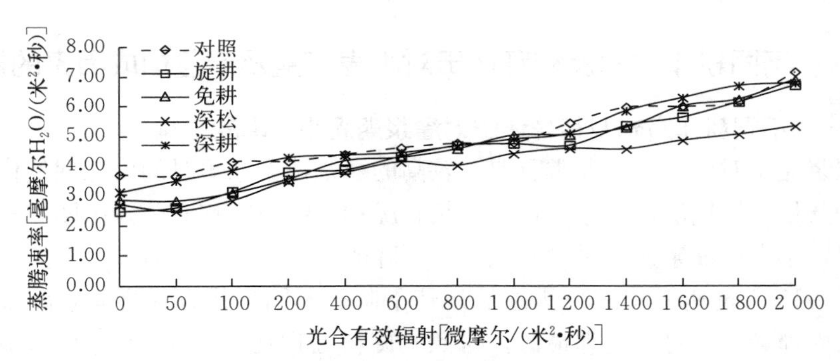

图 3－50　灌浆期旗叶蒸腾速率对光照强度的响应

（六）不同耕作方式及秸秆还田旗叶水分利用效率对光照强度的响应

由图 3－51 可以看出，随着光照强度的增加，旗叶水分利用效率逐渐增加，超过一定程度后则会下降。在光照强度小于 400 微摩尔/（米^2 · 秒）时，水分利用效率相差不大，以对照的利用效率最高。而当光照强度大于 400 微摩尔/（米^2 · 秒）时，水分利用效率则表现为深松＞免耕＞旋耕＞深耕＞对照。秸秆还田处理在光照强度较高时，水分利用效率大于不还田处理，这说明秸秆还田能够较好地蓄水，供作物后期生长。水分利用效率与净光合速率成正比，与蒸腾速率成反比，当光照强度小于 400 微摩尔/（米^2 · 秒）时，净光合速率较小，所以水分利用效率较小，而当光照强度超过 1 600 微摩尔/（米^2 · 秒）时，随着光照强度的加强，净光合速率降低，气孔张开度减小，而蒸腾速率因为温度的增加而增大，所以水分利用效率会降低。对照处理在光照强度达到 1 000 微摩尔/（米^2 · 秒）之后，随着光照强度的增加，水分利用效率开始下降。免耕、深耕、旋耕在 1 200 微摩尔/(米^2 · 秒）之后开始下降。而深松处理在光照强度达到 1 400 微摩尔/(米^2 · 秒）之后开始下降，但水分利用效率与其他处理相比仍然很高。

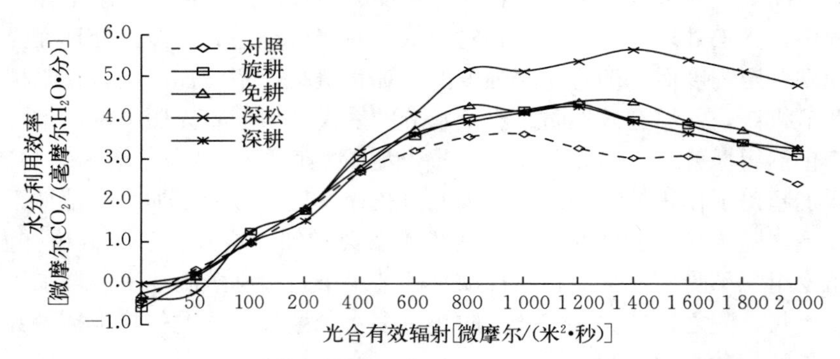

图 3-51　灌浆期旗叶水分利用效率对光照强度的响应

八、不同耕作方式及秸秆还田对小麦产量及产量构成因素的影响

（一）不同耕作方式及秸秆还田对灌浆期灌浆速率的影响

灌浆速率对作物产量非常重要，较高的灌浆速率在短时间内能促使作物有较高的产量，后期灌浆速率与作物生长状况和干物质转移有关。由图 3-52 可以看出，小麦的灌浆速率呈现先上升后下降的变化趋势，花后 0～10 天平稳上升，10～15 天迅速上升，20 天之后迅速下降。不同耕作方式之间，灌浆速率以深松处理最高，对照处理最低，对照、旋耕处理在花后 15 天灌浆速率达到最大，深松、免耕、深耕处理在花后 20 天灌浆速率达到最大。在秸秆还田条件下，花后 0～10 天表现为深松＞免耕＞旋耕＞深耕，10～15 天增长迅速，灌浆速率相差较小，20 天以后表现为深松＞免耕＞深耕＞旋耕。花后 0～5 天，小麦授粉后子房开始发育，秸秆还田处理有较高的灌浆速率，有利于子房

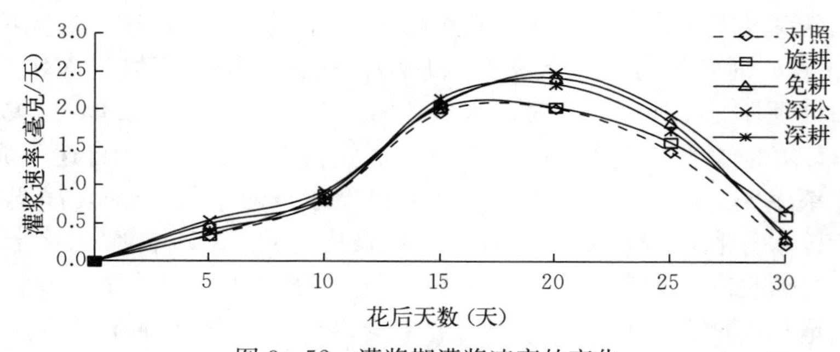

图 3-52　灌浆期灌浆速率的变化

发育，10～15天进入灌浆高速期，20～30天灌浆速率表现出较大差异，灌浆速率各不相同，此时期已经进入小麦蜡熟期，灌浆速率的大小对后期籽粒产量的至关重要，高灌浆速率会使籽粒饱满，千粒重增加。

（二）不同耕作方式及秸秆还田对单株穗和籽粒占地上部干物重比例的影响

由表3－5可以看出，随着灌浆期的推进，单株穗所占地上部干物重的比例逐渐增加。花期各处理单株穗所占比重表现为深松＞旋耕＞免耕＞对照＞深耕，收获期表现为旋耕＞免耕＞对照＞深耕＞深松。花期以前，深松处理的光合速率最高，所以花期单株穗干重最大。当到了收获期，由于不同处理小麦生长势和干物质转移量不同，所以旋耕处理表现出了较高的比重。

表3－5　不同耕作方式及秸秆还田对单株穗占地上部干物重比例的影响

处理	花后天数（天）						
	0	5	10	15	20	25	30
对照	6.31g	30.88g	35.44g	47.27g	51.90g	65.55g	71.36g
旋耕	7.52g	30.98g	39.35g	46.32g	63.96g	70.02g	75.79g
免耕	6.96g	29.22g	36.14g	43.84g	56.92g	62.44g	72.42g
深松	7.74g	26.94g	35.49g	42.31g	56.38g	62.66g	67.28g
深耕	6.24g	33.02g	38.52g	45.18g	62.28g	65.81g	71.30g

注：不同英文小写字母表示处理间差异显著（$P<0.05$）。

由表3－6可以看出，籽粒所占地上部干物重的比例也呈现逐渐增加的趋势。花后5天，由于灌浆速率不同，籽粒所占比重表现为深松＞免耕＞深耕＞旋耕＞对照。收获期则表现为深松＞免耕＞旋耕＞深耕＞对照。随着灌浆期的推进，籽粒所占的比重也越高，这说明籽粒越饱满，千粒重越大。较大的千粒重是小麦高产的重要衡量指标之一。

表3－6　不同耕作方式及秸秆还田对小麦籽粒占地上部干物重比例的影响

处理	花后天数（天）						
	0	5	10	15	20	25	30
对照	0.00g	1.39g	4.74g	12.90g	21.30g	27.32g	28.28g
旋耕	0.00g	1.48g	5.30g	14.07g	22.87g	29.67g	32.31g
免耕	0.00g	2.08g	5.60g	14.44g	24.72g	32.53g	33.87g
深松	0.00g	2.51g	6.66g	15.90g	27.06g	35.74g	38.90g
深耕	0.00g	1.62g	4.81g	13.41g	22.77g	29.69g	31.18g

注：不同英文小写字母表示处理间差异显著（$P<0.05$）。

(三) 不同耕作方式及秸秆还田对产量及产量构成因素的影响

小麦产量构成因素在不同耕作方式产量中所占比重不同。由表 3-7 可以看出，出苗率表现为对照>深耕>旋耕>免耕>深松。免耕、深松处理的出苗率较低，是因为这两种耕作方式没有打破耕层的原状土，表层土壤较硬，种子着床后得不到充足的水分萌发。而对照、旋耕、深耕处理的耕层土壤疏松，种子着床后与土壤接触紧密，能够得到充足的水分萌发。穗粒数表现为深松>免耕>旋耕>深耕>对照，这表明小麦生育后期深松和免耕处理的籽粒能够充分灌浆。公顷穗数表现为深耕>旋耕>对照>免耕>深松，这表明秸秆还田能够增加小麦的有效分蘖。不同耕作方式的实际产量表现为深松>深耕>旋耕>免耕>对照。其中，深松和深耕处理实际产量比对照分别高 18.04%和 10.49%。深耕处理亩穗数较多，这说明秸秆还田增加了小麦的有效分蘖，使小麦有了较高的产量。深松处理后期小麦能够保持较高的光合速率，穗粒数和千粒重比较大，籽粒干物质积累较多，从而产量较高。

表 3-7 不同耕作方式及秸秆还田对产量及产量构成因素的影响

处理	出苗率（%）	穗粒数（粒）	千粒重（克）	亩穗数（个）	实际产量（千克/公顷）
对照	61.12a	28.72c	36.17b	773.99b	7 913.55c
旋耕	60.75a	30.03bc	36.24b	804.40ab	8 742.16b
免耕	44.62b	34.07ab	39.30a	672.57c	8 770.99b
深松	39.87b	38.71a	39.51a	580.56d	9 341.30a
深耕	60.99a	29.18c	36.13b	829.21a	8 743.42b

注：不同英文小写字母表示处理间差异显著（$P<0.05$）。

九、旱地小麦不同秸秆还田方式研究分析

(一) 不同耕作方式及秸秆还田对土壤理化性状的影响

马春梅等（2005）对秸秆还田量研究表明，秸秆覆盖量越多，土壤温度越低，而覆盖量为 4 000 千克/公顷的土壤（15 厘米）温度高于不覆盖处理。

杜建涛等（2008）有关保护性耕作对土壤水分影响的研究表明，保护性耕作能有效地提高土壤含水量，以免耕、少耕处理最高。罗珠珠等（2009）对表层土壤容重的研究表明，免耕秸秆覆盖使得表层土壤容重增大，而后保持稳定状态。

孙小花等（2009）研究表明，在秸秆还田处理条件下，呼吸速率日变化明显，在小麦拔节期和收获后分别达到最大。Dick 等（2000）研究表明，长期的农田保护措施能够增加土壤微生物种类和数量，增大土壤的呼吸速率。

综合前人研究和本试验研究结果表明，秸秆还田处理能有效地改变土壤微环境，改善土壤结构，增加土壤养分。深松处理能够有效地维持土壤水分，增加土壤养分，对土壤水分的可持续利用和土壤的可持续发展是比较有效的栽培方式。

（二）不同耕作方式及秸秆还田对小麦生长指标的影响

王丽学等（2012）对出苗率的研究表明，不同的耕作方式对出苗率的影响不同，以浅松处理影响较小，留茬处理影响较大。李素娟等（2007）对小麦生长发育的影响研究表明，基本苗以翻耕最大，免耕最小，本试验研究结果与其结果相同。

不同的秸秆还田方式对小麦衰老有不同程度的影响，不同的秸秆还田方式在花前与对照差异不显著，但能显著延缓小麦灌浆中后期旗叶衰老，小麦叶绿素含量和可溶性蛋白含量较高，旗叶清除氧自由基相关酶活性强，这与前人的研究一致（郑伟等，2009；江晓东等，2008）。从旱地不同还田方式的分析可以看出，在旱地深松还田处理的小麦抗衰老性最好，有较高的保护酶活性，绿叶功能期更长，对于籽粒灌浆有利，其次为免耕处理。这两种耕作还田方式对于土壤的扰动性最小，维持土壤水分含量对旱地是非常重要的，而扰动小意味着失墒的危险小，保水性好。旋耕处理在开花前后保护性酶活性高，而后旗叶衰老加快。

（三）不同耕作方式及秸秆还田对灌浆期光合指标的影响

汪晓东等（2004）有关免耕、少耕模式对小麦灌浆后期光合特性的研究表明，花期常规耕作光合速率高于免耕、少耕处理，而免耕、少耕处理减缓了后期小麦旗叶的衰老，使后期有相对较高的光合作用。Suwen 等（2000）对产量和光合速率之间关系的研究表明，保护性耕作处理增大了净光合速率，从而增加了产量。

本试验研究结果和前人的研究表明，秸秆还田处理能显著增加小麦的光合作用速率，提高水分利用率，增大有机物的积累，以免耕、少耕处理结果尤为显著。在本试验中，以深松处理效果最为显著，比免耕处理高，且差异显著，深松处理更有利于提高光合速率。

（四）不同耕作方式及秸秆还田对灌浆中期光合日变化和光响应曲线的影响

光合日变化说明植株在一天中光合特性的变化规律，能反映一天中植株高效率生产有机物的时间段，小麦光合指标对光照强度的响应能反映小麦对光照强度的适应性和光饱和点、光补偿点，说明对光能的利用效率。本试验研究结果表明，6:00—10:00 和 15:00—18:00 两时间段内小麦光合作用变化较平稳，10:00—14:00 变化较大，出现光合午休现象，其中以对照处理光合午休现象最为严重，深松处理最轻；光补偿点以对照处理最低，深松处理最高；光饱和点以深松处理最高，对照最低。

上午制造的光合产物大于下午，中午出现光合午休现象。随着光照强度的增加，小麦光合指标变大，当增大到一定程度后保持稳定，光照强度过强时，光合指标反而降低，整个过程以深松和免耕处理较高。

（五）不同耕作方式及秸秆还田对干物质积累和产量指标的影响

Scopel 等（1998）研究表明，保护性耕作能显著提高灌溉水和降水的利用效率，同时增加产量。赵小蓉等（2010）有关保护性耕作对土壤水分和小麦产量的研究表明，秸秆覆盖处理的最高茎蘖数比翻耕高 23.8%～72.3%，产量高 6.3%～19.5%。秸秆还田能提高小麦产量，华北地区适宜的耕作模式为玉米深松秸秆 100%还田＋小麦免耕耕作模式。

较多的研究结果表明，秸秆还田能明显提高土壤水分的利用率，也能提高小麦产量，尤其是免耕、少耕处理更能有效地保持水分，产量能提高 10%左右。本试验深松处理产量比传统耕作提高 18.4%，达到显著水平。

本试验表明，免耕处理的机械作业少，土壤常年累积不松动，20～40 厘米土壤的土壤容重增加。

保墒、保水、有效缓解干旱、防止土壤侵蚀、改善土壤环境是保护性耕作技术的主要特点，干旱地区应用保护性耕作措施能有效缓解干旱，促进作物生长，增加作物产量。根据地区特点和降水情况选择适宜的耕作措施，对农业生产非常重要。本试验得出如下结论：不同的耕作方式及秸秆还田对土壤理化性状和小麦生长发育的影响各不相同。秸秆还田处理与传统处理相比，增大了土壤含水量、减小土壤容重、增加土壤有机质含量，提高了小麦的光合指标和产量指标，有显著的增产作用。不同耕作方式之间，旋耕处理能明显减小土壤容重，但对土壤含水量不利；深耕处理对小麦苗期指标影响明显，增大了根冠比，有利于根的生长，但不利于灌浆期小麦的光合作用中光合干物质积累；免耕处理能够有效地增加土壤含水量，提高小麦的光合指标，增加产量；深松处理有利于雨水下渗，能有效地增加土壤的含水量，改变土壤微环境，提高有机质含量，增大光合速率和水分利用效率，提高作物的干物质积累量和千粒重，产量效果增加最为显著。

以深松秸秆还田处理对土壤和小麦各指标改善最为突出，深松处理条件下的小麦能够保持较优异的生理指标，其抗旱能力强。旋耕秸秆还田在小麦开花前后抗衰老酶活性较高，但后期衰老加快，产量低于深松秸秆还田，但与深耕秸秆还田和免耕秸秆还田差异不显著，是生产上常用的秸秆还田方式，耕作及播种的机械与常规耕作差异不大，投入成本低，仍是旱地推荐的秸秆还田方式。但结合深松秸秆还田的优势，旱地小麦可采用旋耕＋隔 2～4 年深松的耕作方式。

第二节 旱地小麦秸秆还田量研究

一、试验研究设计

目前，对秸秆还田措施的研究已经涉及作物产量、土壤理化性状、秸秆残茬管理、微生物群落等多个方面，但对秸秆还田量的研究较少。有研究认为，秸秆还田对小麦有明显的增产效应，但各项研究的增产幅度不同。也有研究发现，秸秆还田措施对产量影响不明显甚至有减产现象出现。前人研究均将各种秸秆还田技术措施作为一个整体研究对象，无法将不同秸秆还田措施的独立效应及交互效应区分开，这就限制了进一步探寻秸秆还田措施作用机理和可行性。本研究旨在通过研究旱地秸秆还田量对麦田土壤理化性状、微生物量碳、微生物量氮的变化以及土壤酶活性的影响，探讨不同秸秆还田量下小麦生理生态及生长发育的变化，得出适宜旱地的秸秆还田量，为指导旱地农业生产提供理论依据。

试验设 5 个秸秆还田水平（秸秆干重）：0 千克/公顷（J_0）、3 000 千克/公顷（J_1）、6 000 千克/公顷（J_2）、9 000 千克/公顷（J_3）、12 000 千克/公顷（J_4）。试验分区采用随机区组法，每个处理 3 次重复，小区面积为 5 米×10 米=50 米^2。夏玉米收获后去茬，玉米秸秆（秸秆含水量 51.32%）称量后用粉碎机粉碎，均匀还田，然后旋耕 2 次（深度 20 厘米）。试验采用小麦青麦六号，播种量为 210 千克/公顷。播种行距为 18 厘米。试验地施用纯氮，其中小麦复合肥 525 千克/公顷（N∶P∶K=15∶18∶12），剩余氮用碳酸氢铵补齐。基肥与追肥按照 7∶3 的比例施用。小麦足墒播种，追肥随降水一起施入。2010—2012 年试验地小麦生长期月平均降水情况见表 3-8。

表 3-8 2010—2012 年试验地小麦生长期月平均降水情况

年度	月平均降水量（毫米）									
	9 月	10 月	11 月	12 月	1 月	2 月	3 月	4 月	5 月	6 月
2010—2011	82	4	0	0	0	4.8	0	8	25.8	22
2011—2012	103.7	10.2	41.1	17.4	1	3.2	17.1	49.6	0.2	23.3

注：7—8 月非小麦生长季，这里未统计。

二、精量秸秆还田对土壤物理性状的影响

（一）精量秸秆还田对土壤容重的影响

土壤容重是重要的土壤物理性状指标，它反映了土壤团粒与土壤孔隙度的状况，与土壤质地、土壤结构以及腐殖质含量有关，可直接影响土壤养分的转化利用、作物生长和发育状况，更能够反映出土壤养分在土壤中的运移性能。

秸秆还田可明显降低土壤容重，江永红、吴崇海等（2001）发现，与空白对照相比，留茬处理的土壤容重降低了 0.15～0.20 克/厘米^3。

由图 3－53 可以看出，秸秆还田可明显改善土壤容重，并且随着生育期的进行，土壤容重呈现不断减小的趋势变化。在一定的秸秆量范围内，随着秸秆还田量的增多，土壤容重减小越多。当秸秆还田量超过一定的范围后，土壤容重变化反而不明显。土壤容重在小麦拔节期降低最快，到拔节期后基本降低很少。在不同秸秆还田处理中，J_2、J_3 处理土壤容重比基础值分别降低了 0.081 克/厘米^3、0.110 克/厘米^3，相对于无秸秆还田处理差异达到极显著水平（$P<0.01$）。而 J_1、J_4 处理的土壤容重比基础值分别降低了 0.054 克/厘米^3、0.057 克/厘米^3，差异显著（$P<0.05$）。说明秸秆还田可明显降低土壤容重，有利于旱地小麦根系生长发育，有利于延缓根系衰老，从而为提高旱地小麦产量奠定基础。

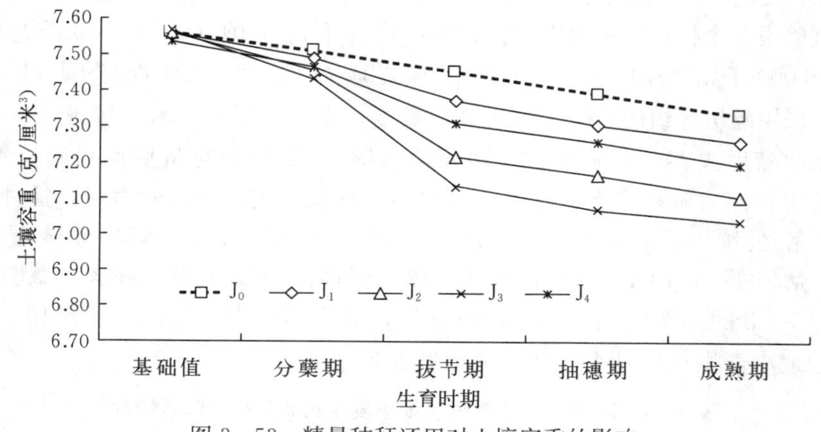

图 3－53　精量秸秆还田对土壤容重的影响

（二）精量秸秆还田对土壤 pH 的影响

秸秆中纤维素、半纤维素占极大的比例，秸秆还田后经过耕作，使得秸秆深入土壤内部，造成分解秸秆的微生物大多为厌氧微生物。厌氧性纤维分解菌经过发酵把秸秆分解成各种有机酸（醋酸、丙酸、丁酸、蚁酸、乳酸和琥珀酸等）、醇类、二氧化碳和氢气。酸类物质的增多造成土壤 pH 逐渐降低。

由图 3－54 可以看出，秸秆还田能够明显降低土壤 pH，不同秸秆还田量对土壤 pH 的影响不同，在分蘖期后土壤 pH 迅速降低，降低量明显随着秸秆量的增多而增多，在拔节期降低量大小为 $J_3>J_2>J_4>J_1>J_0$。而在成熟期降低量也符合此趋势。

在各个处理中，J_2、J_3 处理对土壤 pH 影响最为明显，自拔节期土壤 pH 明

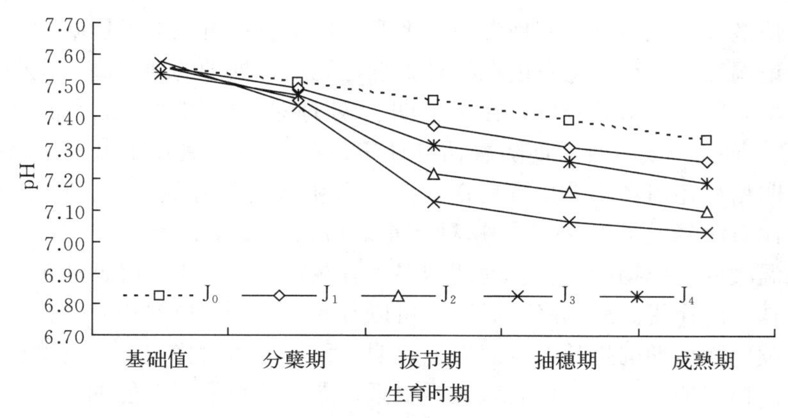

图 3-54　精量秸秆对土壤 pH 的影响

显降低，最终分别降低了 5.50%、7.10%，差异显著。这说明秸秆分解越彻底，微生物释放出的酸类物质越多，从而导致土壤 pH 降低得越多。而在分蘖期至拔节期降低较多，可能是因为在此时期随着温度的升高，微生物活动活跃，并且繁殖快速，分解秸秆量比较大，释放出的分解产物较多，造成 pH 降低较快。

（三）精量秸秆还田对土壤温度的影响

植物根系系统的结构和功能有一部分是对土壤热环境引起的养分有效性变化的适应。根系生物量、根系长度、根系形态，包括具体的根长、分支角度和根毛，都受土壤温度的直接影响。小麦根系生长的最低温度为 2 ℃，最适温度为 16～20 ℃，最高温度为 30 ℃。秸秆还田具有调节地温的优点，对作物生长有直接的影响。

由图 3-55 可以看出，在小麦生育前期，随着秸秆还田量的增多，土壤温度逐渐升高，小麦开花期以后则出现相反的趋势。说明秸秆还田后，可以阻止

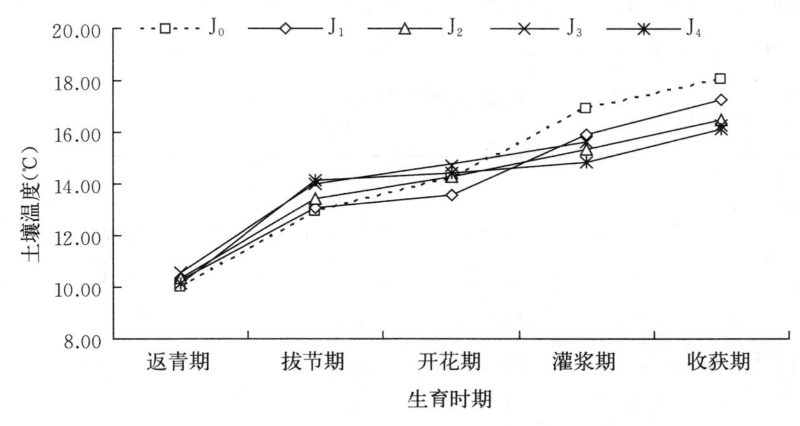

图 3-55　精量还田对土壤温度的影响

地温过快散失，也可以抑制地温快速上升，这个作用可以明显影响到一定土壤深度的地温变化。小麦生育前期秸秆处理比无秸秆处理的地温高，说明秸秆还田对土壤有明显的增温效应，在拔节期 J_4 处理对比空白对照地表温度增加了 1.21 ℃。而到小麦生育后期随着秸秆还田量的增多土壤温度出现逐渐降低趋势，说明秸秆还田在小麦生育后期对土壤有明显的降温效应，其中 J_4 处理在成熟期比对照降低了 1.98 ℃。这种双重效应对小麦生长十分有利，可以有效缓解气温激变对作物的伤害。前期增温，有减轻小麦冻害、降低死苗、保证小麦安全越冬的作用。后期降低温度，可以有效防御干热风对小麦的伤害，也有利于后续作物苗期的生长发育。以上表明，秸秆还田对稳定上层土壤温度有积极作用。稳定的土壤温度可有效减缓根系衰老，延长根系功能期，为小麦产量的提高奠定基础。

（四）精量秸秆还田对土壤水分的影响

限制旱地小麦高产的主要因素就是土壤含水量，水分的亏缺造成小麦根系提前衰老，降低叶片光合能力，同时降低植株体内酶活力，从而导致整个植株活性降低。而秸秆还田后通过改善土壤容重以及土壤孔隙度，加大了土壤蓄水量，从而改善土壤含水量。由表 3-9 看出，秸秆还田后对土壤 20 厘米处的土壤含水量有明显影响，尤其是在返青期和拔节期，旱地小麦在此时期因土壤蒸发以及小麦吸收，表层土中水分大量流失，因秸秆还田保持住土壤了 20 厘米处水分，且随着秸秆还田量的增多保持水分量增多。到开花期、灌浆期时，土壤水分散失主要是小麦的蒸腾耗水，所以在灌浆期小麦表层（0～20 厘米）耗水有减缓趋势，而在此时期小麦根系深扎，大量消耗下层水分，40～60 厘米处土壤水分降低较为明显。灌浆期大气温度升高，土壤蒸发与小麦蒸腾大量耗水，0～40 厘米处土壤水分含量降低较为明显，其余土壤深度水分降低量有限。说明秸秆还田可明显保持 20 厘米处土壤水分，减少蒸散量，增加土体储水量，为小麦的高产奠定基础。

表 3-9　精量秸秆还田对土壤含水量的影响

单位：%

生育时期	处理	不同深度					
		5 厘米	10 厘米	20 厘米	40 厘米	60 厘米	80 厘米
返青期	J_0	14.10e	18.13e	20.80e	30.17e	29.41e	37.08c
	J_1	14.86d	19.00d	21.49d	31.72d	29.90d	37.08c
	J_2	15.39c	20.95c	22.25c	31.39c	30.40c	37.09c
	J_3	12.80b	21.87b	22.93b	32.69b	30.32b	37.35b
	J_4	16.15a	22.17a	24.23a	33.68a	30.70a	37.62a

（续）

生育时期	处理	不同深度					
		5 厘米	10 厘米	20 厘米	40 厘米	60 厘米	80 厘米
拔节期	J_0	15.45e	16.00e	20.91d	30.20d	29.26c	37.10c
	J_1	16.40d	17.00d	21.40c	29.80c	29.00d	37.03c
	J_2	17.40c	17.80c	21.60c	30.15b	29.50b	37.60b
	J_3	19.00b	19.01b	22.20b	30.19b	29.50b	37.70a
	J_4	20.40a	20.60a	23.50a	30.70a	30.20a	37.60b
灌浆期	J_0	10.50e	17.30e	19.20d	31.62b	30.30d	37.18d
	J_1	11.60d	19.26d	21.00c	31.55b	30.70c	37.26c
	J_2	12.77c	20.00c	21.80b	31.36c	30.70c	37.35a
	J_3	13.20b	20.40b	22.04b	31.80a	30.80b	37.33a
	J_4	13.70a	21.20a	22.50a	31.80a	31.20a	37.35a
成熟期	J_0	10.10e	11.40c	14.30e	24.20d	31.10b	33.70b
	J_1	11.30d	12.50b	16.00d	25.00c	30.80c	34.70a
	J_2	11.40c	12.80b	16.50c	26.00b	32.00a	34.80a
	J_3	12.30a	12.80b	18.20b	26.60a	31.90a	34.75a
	J_4	11.80b	13.30a	18.70a	26.60a	31.93a	34.80a

注：不同英文小写字母表示处理间差异显著（$P<0.05$）。

三、精量秸秆还田对土壤化学性状的影响

（一）精量秸秆还田对土壤有机碳含量的影响

玉米秸秆富含纤维素、木质素等，是形成土壤有机质的主要来源，土壤有机碳是土壤中最活跃的成分，对肥力因素、水肥气热的影响最大，而秸秆还田于土壤以增加土壤有机碳，则是秸秆还田技术最主要的作用，已被众多研究和生产实践所证实。

经过两年多点试验，结果如图 3－56 所示。无秸秆还田处理有机碳含量随着生育进程的进行逐渐降低，秸秆还田处理中土壤有机碳含量先降低后升高，原因可能是在小麦分蘖期由于需要大量营养物质而温度太低秸秆没有分解，所以土壤有机碳含量出现降低，到拔节期随着温度的升高秸秆逐渐分解，土壤有机碳含量逐渐升高，尤其是适量秸秆（J_2、J_3 处理）不仅提高了土壤温度，还保持了土壤水分，土壤微生物繁殖加快，并且微生物更加活跃

使秸秆分解速率更快，再为微生物生长繁殖提供更多的营养物质，形成一个良性循环。

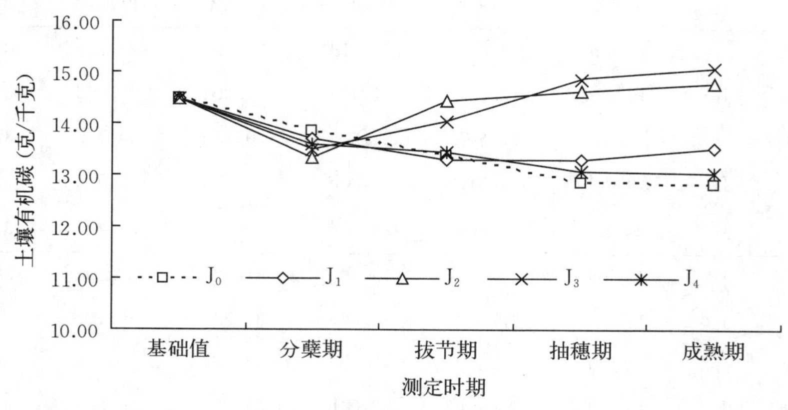

图 3－56　精量秸秆还田对土壤有机碳的影响

J_2 处理在拔节期有机碳含量最高，但是到后期升高不明显，比初始值提高 0.27 克/千克。而 J_3 稳步升高，最终比初始值提高 0.58 克/千克。但是，J_1、J_4 处理的有机碳含量并没有增高，说明少量和过量秸秆还田均不利于土壤有机碳含量的提高，过量秸秆还田反而造成资源浪费。

（二）精量秸秆还田对土壤碱解氮含量的影响

由图 3－57 可以看出，土壤碱解氮含量出现先升高后降低再升高的变化趋势，在分蘖期碱解氮含量的增高是播种时施肥造成的，拔节期开始因秸秆逐渐分解而释放出矿质营养。分蘖期与拔节期是小麦营养器官快速增长期，此时期小麦消耗大量氮素进行营养器官的形态建成，植株所需养分由施入的

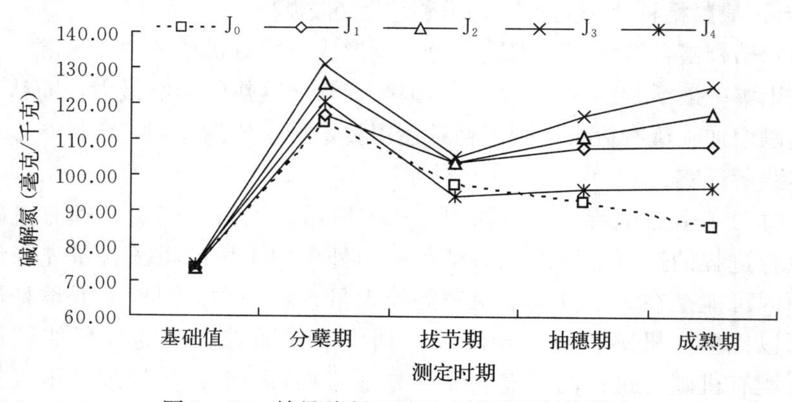

图 3－57　精量秸秆还田对土壤碱解氮的影响

肥料提供而秸秆并没开始分解，所以碱解氮含量降低。到抽穗期随着一部分秸秆分解释放出部分营养元素，所以小麦生育后期土壤碱解氮含量逐渐升高，当小麦开花后，籽粒灌浆需要的大量营养基本依靠器官转移，部分依靠土壤吸收。

由图 3－57 可以看出，无秸秆还田处理自分蘖期开始碱解氮逐渐降低，而秸秆还田处理从拔节期开始土壤碱解氮含量逐渐升高，说明秸秆还田可提高土壤碱解氮含量。在秸秆还田处理中，土壤碱解氮含量提高量的大小表现为 $J_3>J_2>J_1>J_4>J_0$。经过小麦生育期后，各处理土壤碱解氮含量比初始值分别提高了 51.85 毫克/千克、43.65 克/千克、34.65 克/千克、22.30 克/千克、12.05 克/千克，各处理间差异达到显著水平。

（三）精量秸秆还田对土壤有效磷含量的影响

由图 3－58 可以看出，秸秆还田对土壤有效磷含量作用明显，且在一定范围内（J_3 水平以内），随着秸秆还田量的增多，土壤有效磷增长越多。分蘖期因播种时施肥造成有效磷增多，随着小麦生育期需要的养料增多，造成土壤有效磷含量降低，到拔节期随着秸秆的分解，秸秆内养分释放到土壤中，在此氮水平下 J_3 秸秆分解最快，并且提供的磷最多。无秸秆还田处理有效磷逐渐降低，但是过量秸秆还田情况也不能提高土壤有效磷。各处理对土壤有效磷的提高量顺序为 $J_3>J_2>J_1>J_4>J_0$。其中，J_3 处理增长最高达到 1.35 毫克/千克；J_1 处理在后期因秸秆分解完毕，提供的养分有限；而 J_4 处理因秸秆过多，造成分解困难，所以出现土壤有效磷反而减小的现象。

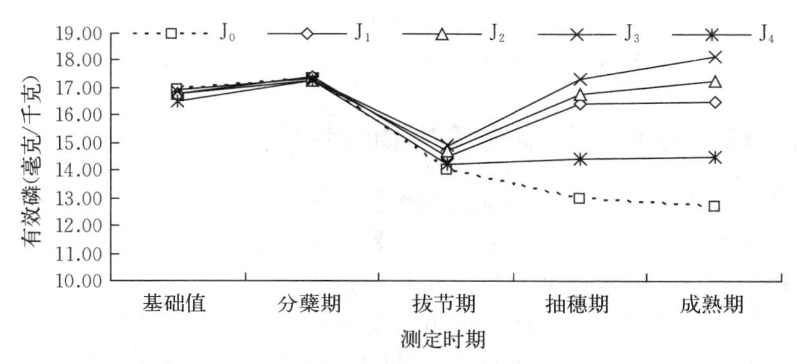

图 3－58　精量秸秆还田对土壤有效磷的影响

（四）精量秸秆还田对土壤速效钾含量的影响

钾在土壤中的移动性较强，作物对钾的需要量也较大。Scott 等（1995）认为，秸秆还田可以明显增加土壤钾含量，并且增加量与作物在生长季从土壤中吸收钾数量相等，而且钾可以通过秸秆还田得到 90％的回收率。

由图 3－59 可以看出，秸秆还田处理中土壤速效钾含量出现先升高后降低再升高的趋势变化，但是无秸秆还田处理先升高后降低。分蘖期速效钾含量的升高是播种时施肥造成的。秸秆还田可明显提高后期土壤速效钾含量。由图 3－59 可以看出，经过小麦整个生育期后，各个处理对土壤速效钾含量的提高量顺序为 J_3＞J_2＞J_1＞J_4＞J_0。J_3、J_2 处理土壤速效钾含量明显比初始值增加，到成熟期增加量分别达到 12.90 毫克/千克、10.85 毫克/千克，各处理间成熟期土壤有效磷的增长量差异显著。J_1 处理在后期因秸秆分解完毕，提供的养分有限；而 J_4 处理因秸秆过多，造成分解困难，土壤速效钾增加量很小。说明少量和过量秸秆还田对土壤速效钾的提高能力有限，过量秸秆还田不仅提供的养分有限，还会造成资源浪费，以及使小麦播种难度加大，从而影响产量。

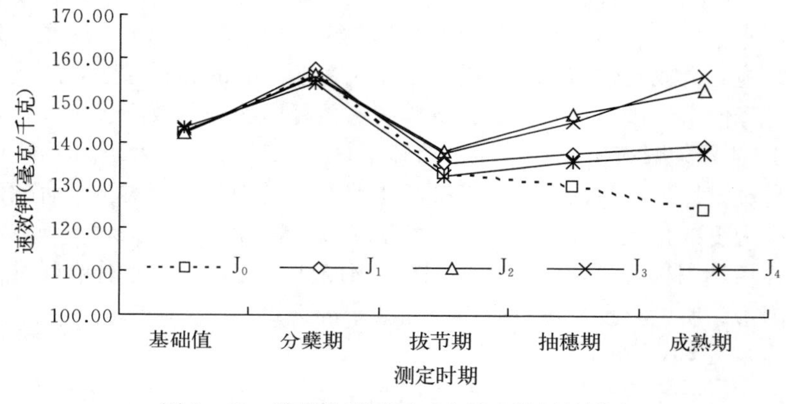

图 3－59　精量秸秆还田对土壤速效钾的影响

四、精量秸秆还田对土壤生物学性状的影响

（一）精量秸秆还田对土壤微生物量碳的影响

土壤微生物量碳的消长反映微生物利用土壤碳源进行自身细胞建成并大量繁殖和微生物细胞解体使有机碳矿化的过程。

由图 3－60 可以看出，秸秆还田可明显提高土壤中微生物量碳含量。不同秸秆还田量处理对土壤微生物量碳的增加量不同。秸秆分解越完全则微生物繁殖越快，微生物量碳含量越高。经过小麦生育期后，土壤微生物量碳增加量表现为 J_3＞J_2＞J_1＞J_4＞J_0。说明 J_3 处理提供的秸秆量是最为合适的，土壤微生物量碳比 J_0 处理增长 79.92％。而 J_2 处理微生物量碳比 J_0 处理增加了 58.94％，差异达到极显著。而 J_1 跟 J_4 处理可能因秸秆量问题，J_1 秸秆量不足对微生物的增加量有限，而 J_4 处理秸秆太多，超过了微生物的利用范围，造成土壤中植株与微生物争夺养分，导致微生物增殖减慢，所以表现出微生物量碳的增加量很少。说明增加秸秆还田量可增加土壤微生物量碳含量，玉米秸秆为土壤微生物的生存提供了丰富的养分和良好的生长环境。

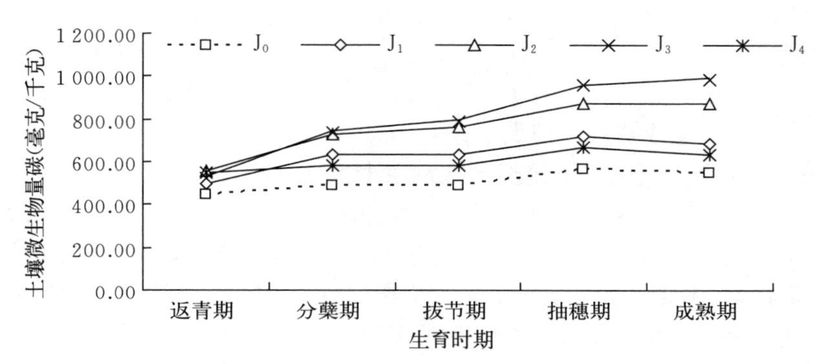

图 3-60　精量秸秆还田对土壤微生物量碳的影响

（二）精量秸秆还田对土壤微生物量氮的影响

土壤中微生物活体的总量称为土壤微生物量，在大田土壤中，土壤微生物量含量很小，不过土壤微生物对土壤中的氮、磷、硫循环起着至关重要的作用。土壤微生物不仅参与土壤中养分物质的转化，而且通过自身的代谢作用，促进养分的循环利用和植物对有效养分的利用。土壤微生物量氮是指土壤中所有活微生物体内所含有氮的总量，占土壤有机氮总量的1%～5%，是土壤氮素养分转化和循环研究中的重要参数，能够直观地反映土壤微生物和土壤肥力状况。

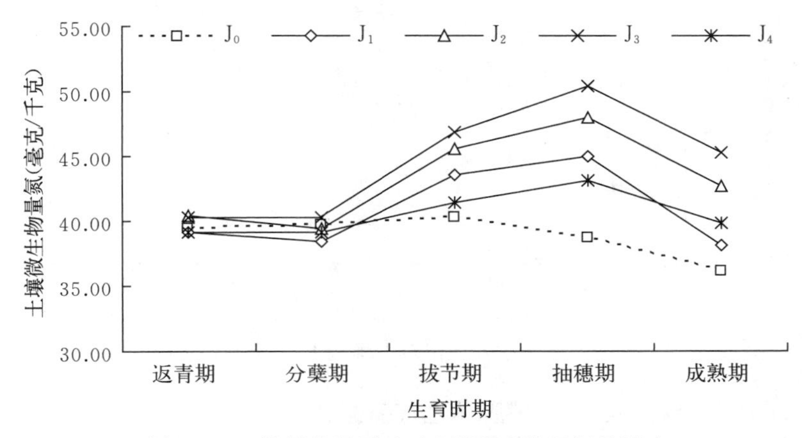

图 3-61　精量秸秆还田对土壤微生物量氮的影响

由图 3-61 可以看出，秸秆还田可明显提高土壤中微生物量氮含量。不同秸秆还田量处理对土壤微生物量氮的增加量不同。秸秆分解越完全则微生物繁殖越快，微生物量氮含量则越高。土壤中微生物量氮随着生育期的进行先升高后降低。经过小麦生育期后，土壤微生物量氮增加量表现为 $J_3>J_2>J_4>J_1>J_0$。相对于 J_0 处理来说，微生物增长量分别为 25%、18%、10%、6%。J_3、J_2 差异显著。说明 J_3 处理提供的秸秆量是最为合适的；而 J_1 处理提供的秸秆量不足，提供的养分有限；J_4 过多的秸秆还田量造成了分解不彻底，起到的作用很小，从而造成资源的浪费。

（三）精量秸秆还田对土壤微生物碳氮比的影响

秸秆的碳氮比在很大程度上影响秸秆分解的速度。Parr（1998）认为，如果有机物含氮量为 1.5%～1.7%，则还田后可以不用补充氮素就完全能够满足分解过程中微生物对氮素的需求，按这个比例换算成碳氮比为（25～30）∶1，其值越低分解越快，而后期补充氮肥会延缓分解速度，就长时间分解而言，是否调节碳氮比对其影响不大。

由图 3-62 可以看出，不同秸秆处理对微生物碳氮比的影响与不同秸秆处理对土壤微生物的影响是一致的。秸秆还田可明显提高土壤微生物碳氮比。不同秸秆还田量处理对土壤微生物碳氮比的增加量不同。前期土壤微生物碳氮比无明显差异，说明此时期微生物没有大量分解秸秆。到拔节期随着温度的升高，微生物大量繁殖分解秸秆，微生物量碳增加，而微生物量氮并没有减少太多，所以微生物碳氮比逐渐升高。

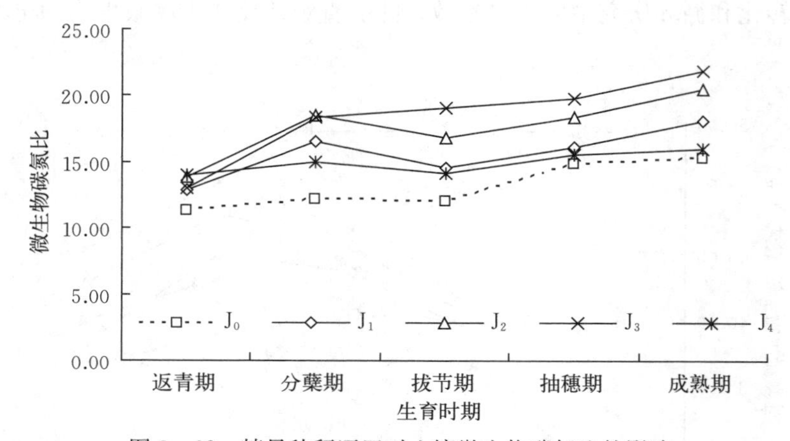

图 3-62 精量秸秆还田对土壤微生物碳氮比的影响

（四）精量秸秆还田对土壤脲酶活性的影响

脲酶活性的高低在一定程度上反映了土壤供氮水平状况，对增加土壤中易溶性营养物质起重要作用。土壤和肥料的氮素转化速度在很大程度上受到土壤脲酶活性的影响，并且脲酶活性与土壤肥力有着密切关系，脲酶可以加速土壤中固定养分转化为有效养分。因此，为了更好地反映出土壤的生产力，可以通过测定土壤中的脲酶活性来达到目的。

由图 3-63 可以看出，土壤脲酶活性随着作物生育期的进行先增高后降低。以 J_2、J_3 活性较高，在拔节期脲酶活性达到最高。拔节期各个处理脲酶活性由大到小排序 $J_3>J_2>J_1>J_0>J_4$，J_3、J_2、J_1 处理比 J_0 处理酶活性分别增加了 6%、7%、4%，各处理间差异显著。抽穗期开始酶活性迅速降低，成熟期 J_3、J_2、J_1 处理的酶活性分别比 J_0 处理增长了 15%、16%、10%。

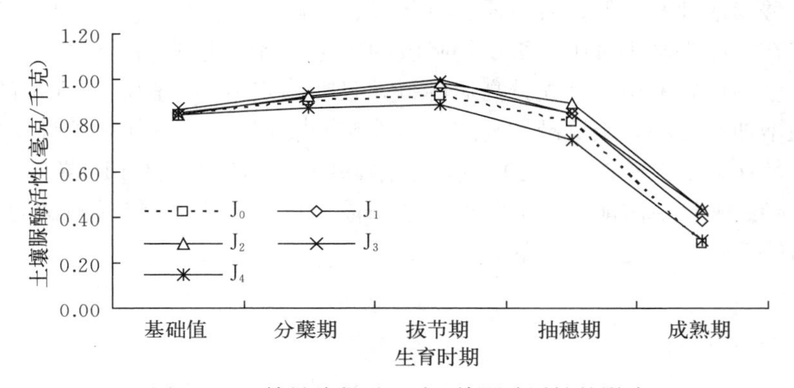

图 3-63　精量秸秆还田对土壤脲酶活性的影响

（五）精量秸秆还田对土壤纤维素酶活性的影响

纤维素酶是一种复合酶，纤维素酶在分解纤维素时起生物催化作用，纤维的分解利用不仅对提高土壤肥力和增加作物产量具有十分重要的作用，同时也是自然界碳素循环的重要环节。由图 3-64 可以看出，自小麦播种后土壤纤

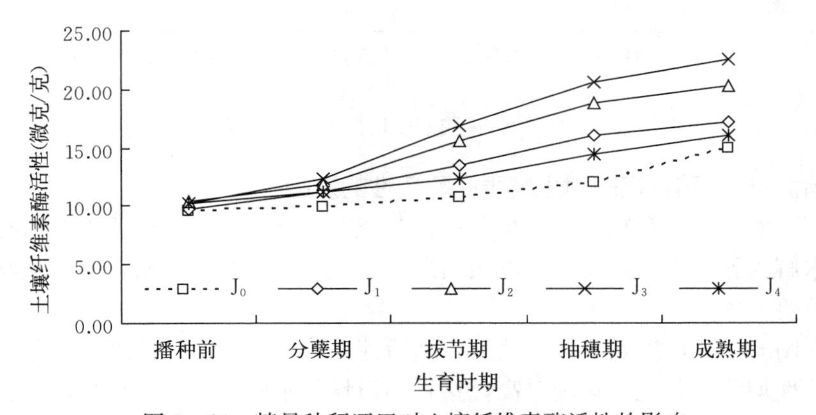

图 3-64　精量秸秆还田对土壤纤维素酶活性的影响

维素酶活性的变化出现较大差异。其中，秸秆还田处理的酶活性增长较快。空白对照处理的酶活性在进入抽穗期后有小幅度增长。各个处理与空白处理差异显著，J_3、J_2 处理的酶活性比播种前分别增加 12.26 微克/克、9.87 微克/克。空白对照处理成熟期因小麦下部叶片衰老脱落及部分分解，可能导致部分酶活性增加。在小麦进入拔节期后，秸秆还田处理的酶活性增长加快，说明此时期是秸秆分解的快速期，所以大量纤维素酶产生并且活性提高，产生较多的分解产物。

（六）精量秸秆还田对土壤碱性磷酸酶活性的影响

磷酸酶的酶促作用能够加速有机磷的脱磷速度，提高土壤磷素的有效性。土壤磷酸酶活性与全氮、有机质、有效磷、水解氮、pH 等关系密切，其重要意义就在于能提高土壤中可被植物吸收的矿化态磷的比例。由图 3－65 可以看出，土壤碱性磷酸酶活性先升高后降低，且在一定范围内随着秸秆量的增多，酶活性增加量减小，土壤碱性磷酸酶活性与土壤 pH 呈现密切相关性。碱性磷酸酶活性在 pH 为 8:00—10:00 时活性最高，秸秆还田导致 pH 降低，而 pH 的降低导致碱性磷酸酶活性的降低。这与前人连续单作 23 年后测试的土壤碱性磷酸酶活性的变化是一致的。

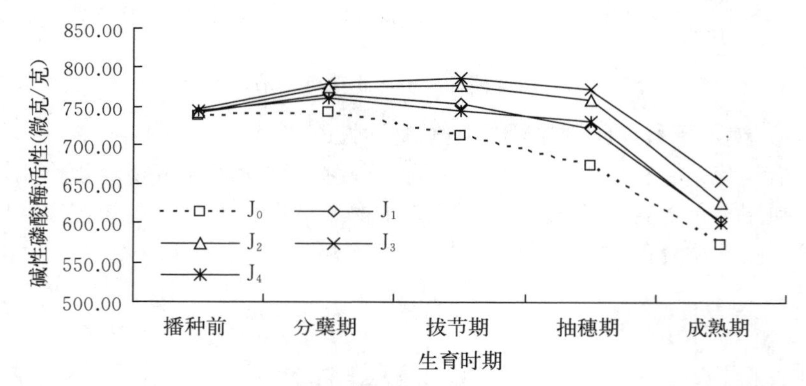

图 3－65　精量秸秆还田对土壤碱性磷酸酶活性的影响

（七）精量秸秆还田对土壤蛋白酶活性的影响

蛋白酶是广泛存在于土壤中的一大酶类，它能把各种蛋白质以及肽类等化合物水解为氨基酸。因此，土壤蛋白酶的活性与土壤中氮素营养的转化状况有极其重要的关系。

由图 3－66 可以看出，土壤蛋白酶活性在分蘖期之前各处理间变化是一致的，活性均降低，之后逐渐升高，秸秆还田量的不同，酶活性增强不同。抽穗期达到峰值，其中 J_3 处理活性最高，比 J_0 处理高 36.71％。且与其余处理差异达到显著水平。而J_4处理的增长量仅为7.85%，说明适量秸秆还田可以增加土壤酶的活性，而过量秸秆还田作用并不明显，会造成资源浪费。

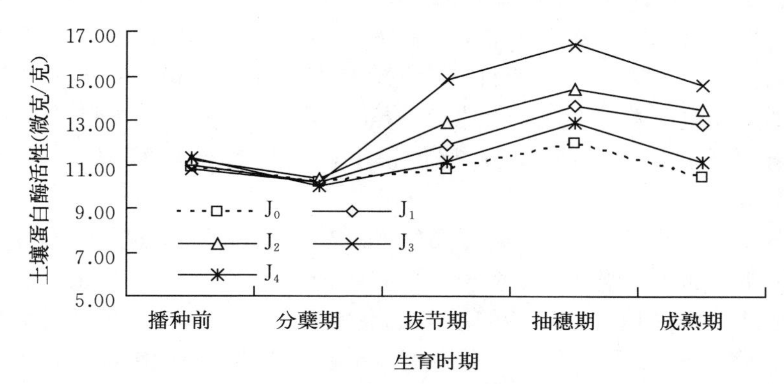

图3-66 精量秸秆还田对土壤蛋白酶活性的影响

（八）精量秸秆还田对土壤过氧化氢酶活性的影响

所有的生物体内都含有过氧化氢酶。过氧化氢酶的主要作用是促进过氧化氢对细胞中各种物质进行氧化作用。所以，土壤中过氧化氢酶的活性与土壤呼吸强度、土壤微生物活动密切相关。土壤过氧化氢酶的活性会因土壤中有机质含量的提高而增强，所以土壤过氧化氢酶活性可以有效地表征土壤总的生物学活性和肥力状况。

由图3-67可以看出，土壤过氧化氢酶活性随着小麦生育期的进行出现先增高后降低的单峰变化趋势。拔节期酶活性达到最高，其中J_2、J_3处理过氧化氢酶分别比对照处理增加0.30毫升/克、0.33毫升/克，且差异显著，但是J_2、J_3处理间差异不显著。说明在不同秸秆还田量之间J_2、J_3对酶活性的影响

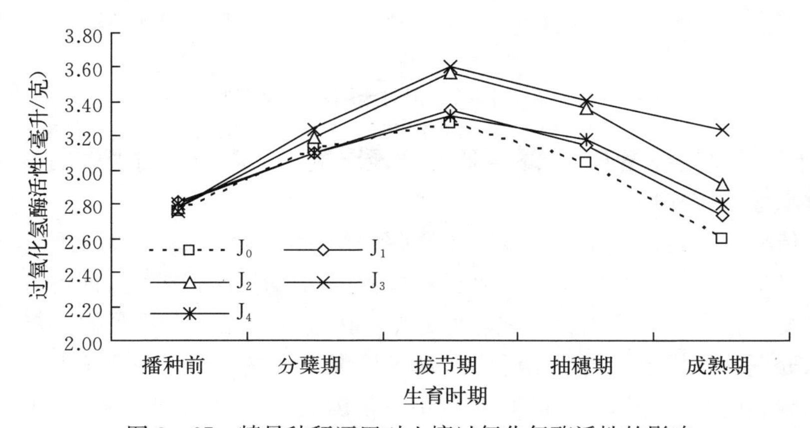

图3-67 精量秸秆还田对土壤过氧化氢酶活性的影响

是一致的，且要高于其余处理的影响效果。但是，到成熟期酶活性逐渐衰弱，J_2 衰弱程度较为严重，J_3 处理衰弱程度较轻。

（九）精量秸秆还田对土壤呼吸速率的影响

土壤呼吸是陆地生态系统碳收支的重要环节。农田生态系统是大气中二氧化碳的一个重要来源。农业耕作措施在碳循环中起着极其重要的作用。土壤呼吸的实质是土壤微生物、土壤无脊椎动物和植物根系呼吸的总和。而土壤无脊椎动物的呼吸速率所占比例很小，主要是土壤微生物呼吸和植物根系呼吸。

由图 3－68 可以看出，土壤呼吸速率随着小麦生育期的进行逐渐加快，且秸秆还田明显加快土壤呼吸速率。土壤呼吸速率的加快说明土壤中微生物活动更加活跃。随着秸秆还田量的增多，土壤呼吸速率逐渐加快。当秸秆还田量达到 J_3 水平后，呼吸速率不再增加，继续增加秸秆还田量，土壤呼吸速率反而降低，说明过多的秸秆还田对土壤呼吸反而有抑制作用。秸秆还田处理与无秸秆还田处理的土壤呼吸速率差异显著，但是 J_1、J_2、J_3 处理间差异不显著，与 J_4 处理间差异显著。

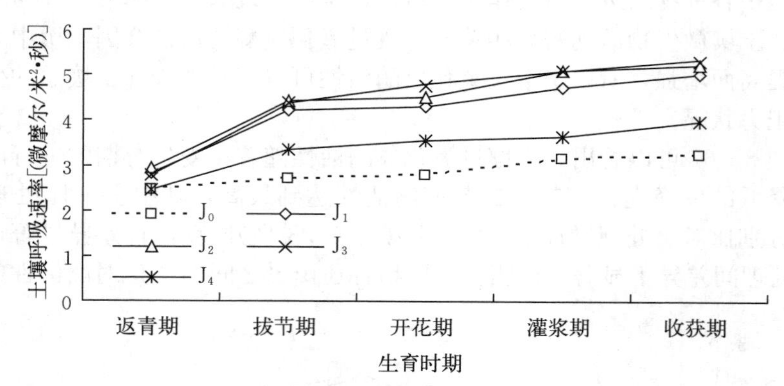

图 3－68　精量秸秆还田对土壤呼吸速率的影响

（十）精量秸秆还田对土壤呼吸与土壤温度、土壤 pH、土壤微生物量碳、土壤含水量的相关性

无秸秆还田处理的土壤温度与土壤呼吸呈现显著负相关，而土壤 pH、土壤微生物量碳与土壤呼吸呈现显著正相关，说明旱地小麦中无秸秆还田处理的地表温度变化剧烈，不利于土壤环境稳定，因此不利于土壤呼吸的进行。而秸秆还田处理的土壤温度与土壤呼吸呈现极显著正相关，说明秸秆还田后有利于稳定土壤温度，而土壤 pH 的影响变小，是因为秸秆分解造成土壤 pH 降低，逐渐减小了 pH 对土壤呼吸的影响（表 3－10）。

表 3-10　不同秸秆还田处理中土壤呼吸与土壤温度、土壤 pH、土壤微生物量碳、土壤含水量的相关性

项目	土壤呼吸	土壤温度	土壤 pH	微生物量碳	土壤含水量
J_0					
土壤呼吸	1.000				
土壤温度	−0.962*	1.000			
土壤 pH	0.979*	−0.987*	1.000		
微生物量碳	0.954*	−0.927*	0.952*	1.000	
土壤含水量	−0.702	0.843	−0.747	−0.644	1.000
J_1					
土壤呼吸	1.000				
土壤温度	0.958*	1.000			
土壤 pH	−0.868	−0.967*	1.000		
微生物量碳	0.977*	0.993**	−0.930	1.000	
土壤含水量	−0.516	−0.636	0.787	−0.547	1.000
J_2					
土壤呼吸	1.000				
土壤温度	0.993**	1.000			
土壤 pH	−0.866	−0.914*	1.000		
微生物量碳	0.984*	0.988*	−0.925	1.000	
土壤含水量	−0.512	−0.592	0.867	−0.641	1.000
J_3					
土壤呼吸	1.000				
土壤温度	0.999**	1.000			
土壤 pH	−0.908	−0.908	1.000		
微生物量碳	0.952*	0.964*	−0.936	1.000	
土壤含水量	−0.535	−0.540	0.840	−0.663	1.000
J_4					
土壤呼吸	1.000				
土壤温度	0.994**	1.000			
土壤 pH	−0.872	−0.823	1.000		
微生物量碳	0.743	0.723	−0.893	1.000	
土壤含水量	−0.340	−0.241	0.739	−0.590	1.000

注：**表示处理间差异极显著（$P<0.01$）；*表示处理间差异显著（$P<0.05$）。

五、精量秸秆还田对小麦旗叶光合特性的影响

（一）精量秸秆还田对小麦叶面积指数的影响

由图 3-69 可以看出，小麦叶面积指数出现先增大后减小的变化趋势，在抽穗期达到最大，然后逐渐开始减小。J_4 在拔节前叶面积指数超过 J_0，说明前期秸秆还田增加了土壤温度，促进了苗期小麦生长，但是到抽穗期以后 J_4 处理的叶面积指数迅速降低，此时期叶片衰老速度要快于 J_0 处理，说明过量秸秆还田不利于叶片延长功能期。而 J_3 处理在拔节期以后叶面积指数一直大于其余处理，说明此处理的秸秆还田量可明显延缓叶片的衰老，对叶片功能期的延长有积极作用。

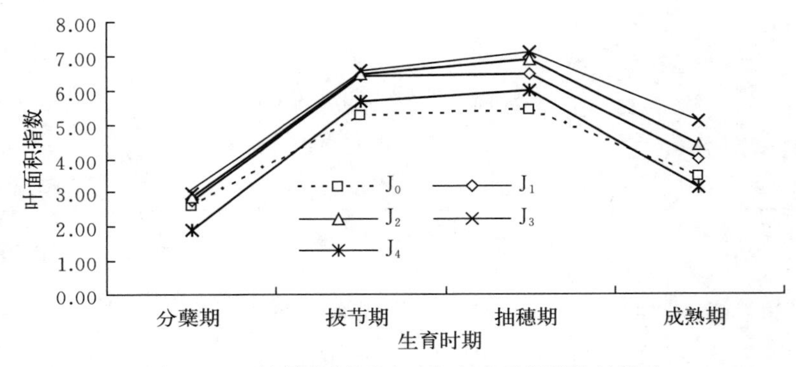

图 3-69　精量秸秆还田对小麦叶面积指数的影响

（二）精量秸秆还田对旗叶叶绿素含量的影响

由图 3-70 可以看出，花后 0～14 天旗叶叶绿素含量出现逐渐增加的趋势，花后 21 天开始缓慢下降。到花后 35 天，叶绿素含量降到最小。由图 3-70 可以

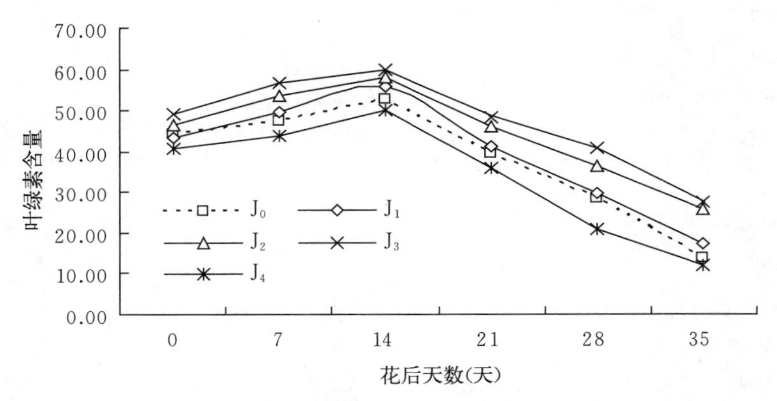

图 3-70　精量秸秆还田对旗叶叶绿素含量的影响

看出，适量秸秆还田（J_2、J_3 处理）可明显改善旗叶的叶绿素含量，后期可有效地减慢叶绿素分解、延缓叶片衰老，从而增加籽粒的灌浆时间。但是，过量秸秆还田（J_4 处理）却导致旗叶提前衰老，且后期下降速度明显快于其余处理。后期旗叶叶绿素含量由大到小顺序为 $J_3>J_2>J_1>J_0>J_4$。说明适量秸秆还田可明显延迟旗叶衰老，秸秆还田量超过一定量后则起负作用，加速了旗叶叶绿素的分解。

（三）精量秸秆还田对旗叶净光合速率的影响

光合作用与作物产量密切相关，旗叶具有较高的净光合速率是作物获得高产的一个重要因素。由图 3－71 可以看出，各处理旗叶净光合速率在花后 7 天达到最大，然后逐渐降低。在各处理中，净光合速率在 $J_0\sim J_3$ 水平下随着秸秆量的增加而增大，到 J_3 水平达到最大，到 J_4 水平则出现明显下降，并且在灌浆期存在 $J_3>J_2>J_1>J_0>J_4$ 的大小关系。净光合速率变化趋势与叶绿素变化趋势一致。不同处理间，J_4 处理净光合速率始终处于最低水平，说明过量秸秆还田加速了旗叶衰老，降低了旗叶净光合速率。在其余秸秆还田的处理中，随着秸秆还田量的增多，净光合速率逐渐增快，说明适量秸秆还田可促进旗叶净光合速率，并且可明显延缓旗叶衰老，到成熟期后旗叶净光合速率仍处于较高水平，但是过量秸秆还田却起到反作用。

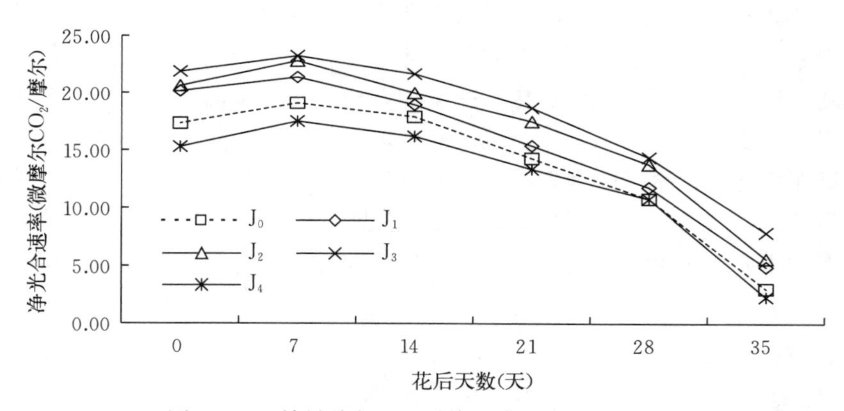

图 3－71　精量秸秆还田对旗叶净光合速率的影响

（四）精量秸秆还田对旗叶气孔导度的影响

由图 3－72 可以看出，气孔导度随着生育期的进行出现先增高后降低的趋势变化，当花后 14 天时，气孔导度达到最大值。秸秆还田可明显改变旗叶的气孔导度，J_1、J_2、J_3 处理可明显提高气孔导度，从而加快叶片与大气的气体交换速率，而 J_4 处理使得气孔导度降低。各处理间对气孔导度影响差异显著。

随着秸秆还田量的增多，气孔导度逐渐提高，当秸秆还田量达到 J_3 处理后，气孔导度达到最高值，并且在整个花期一直处于最高状态。当秸秆还田量超过 J_3 处理达到 J_4 处理后，气孔导度骤然降低，说明过量秸秆还田对气孔导度的负影响相当明显。气孔导度的降低限制了叶片光合作用的进行，导致碳水化合物合成受阻，不利于产量形成。

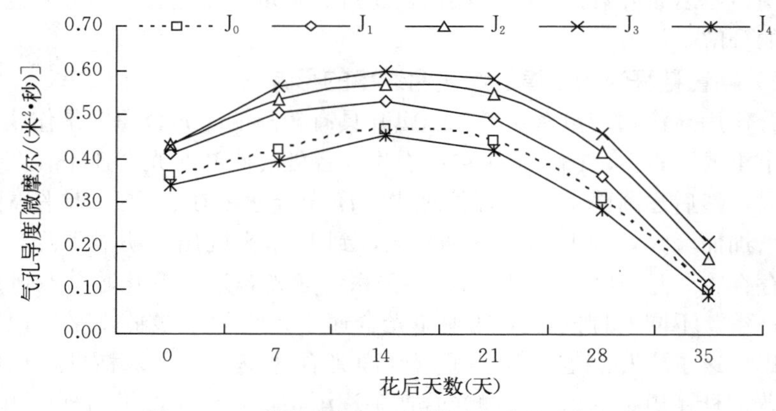

图 3－72　精量秸秆还田对旗叶气孔导度的影响

（五）精量秸秆还田对旗叶胞间二氧化碳浓度的影响

由图 3－73 可以看出，胞间二氧化碳浓度随着灌浆的进行出现先降低后增多的现象，说明秸秆还田直接影响了旗叶气孔导度的变化，从而使胞间二氧化碳浓度出现差异。而胞间二氧化碳浓度随着秸秆还田量的增多出现先减少后增多的现象，说明适量的秸秆还田可以有效地降低气孔对旗叶气体交换速率的限制，进而使光合速率受限因素减小。而过量的秸秆还田则会对叶片光合造成明显的负效应。结合图 3－71 与图 3－72，说明灌浆期导致旱地小麦旗叶光合速率下降的主要原因为非气孔限制因素；灌浆期叶片衰老，光合能力下降，是导

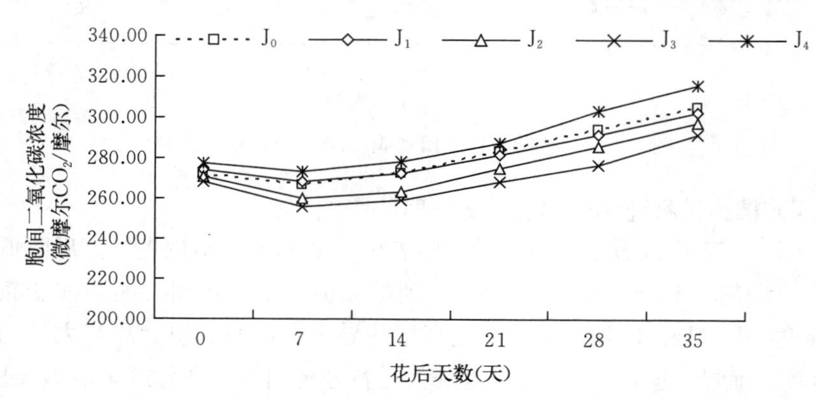

图 3－73　精量秸秆还田对旗叶胞间二氧化碳浓度的影响

致旱地小麦胞间二氧化碳浓度升高的主要原因。从开花期到成熟期，J_3 处理胞间二氧化碳浓度始终处于最低，说明适量秸秆还田提高旱地小麦对胞间二氧化碳的同化，但是过量秸秆还田却导致二氧化碳的累积。

（六）精量秸秆还田对旗叶蒸腾速率的影响

由图 3－74 可以看出，旱地小麦蒸腾速率随着生育期的进行 J_2、J_3 处理先增高后降低，其余处理逐渐降低，到成熟期降到最低。而不同处理间蒸腾速率变化趋势一致，但是各处理间差异显著，在一定范围内随着秸秆还田量的增多，同一时期旱地小麦旗叶蒸腾速率逐渐加快，超过一定范围后蒸腾速率骤然降低。在整个花期，J_3 处理蒸腾速率始终处于最高，而 J_4 处理比 J_0 处理的蒸腾速率都低，整个花期到成熟期表现出 $J_3>J_2>J_1>J_0>J_4$。

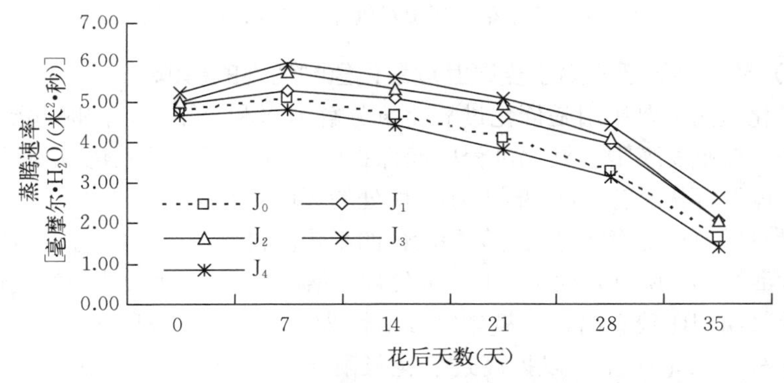

图 3－74　精量秸秆还田对旗叶蒸腾速率的影响

六、精量秸秆还田对小麦旗叶衰老特性的影响

（一）精量秸秆还田对小麦旗叶丙二醛含量的影响

由图 3－75 可以看出，各处理旱地小麦旗叶丙二醛含量均在花后不断积累升高，自花后 0～14 天，丙二醛增加缓慢，各处理间差异不显著。花后 14 天，各处理的丙二醛含量迅速增加，至成熟期（花后 35 天）各处理旗叶丙二醛含量达到最大值。

不同处理间，开花期至成熟期各阶段 J_4 处理的丙二醛含量均最高；其余秸秆还田处理的丙二醛含量均低于 J_0 处理，随着秸秆还田量的增加，旗叶丙二醛含量逐渐降低，到 J_3 处理旗叶丙二醛含量最低。说明适量的秸秆还田能明显抑制旱地小麦旗叶丙二醛的积累，有效延缓旗叶衰老。但是，过量秸秆还田对旗叶细胞的结构和功能均有破坏作用，加速了旗叶的衰老，不利于延长光照时间以增加产量。

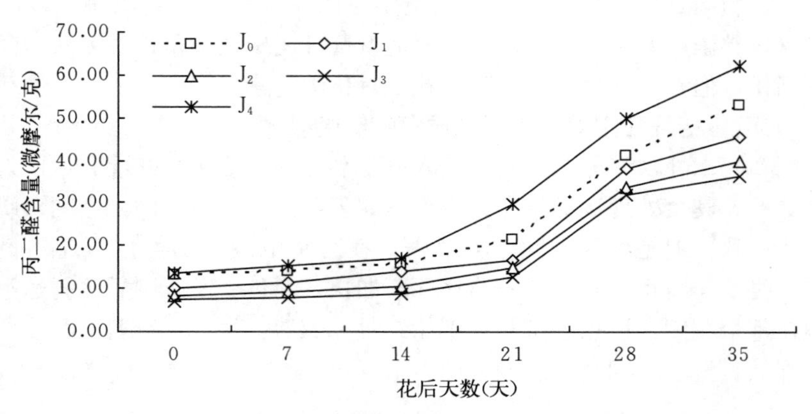

图 3-75 精量秸秆还田对旗叶丙二醛含量的影响

(二) 精量秸秆还田对小麦旗叶过氧化氢酶活性的影响

过氧化氢酶主要作用是催化过氧化氢分解为水和分子氧，同时起到电子传递的作用，在小麦膜脂过氧化过程中起保护叶片的作用。过氧化氢酶活性不仅与小麦个体发育状况有关，同时与小麦所处的环境条件有关。图 3-76 为不同秸秆还田量对旱地小麦旗叶过氧化氢酶活性的影响。自开花后，J_0、J_4 处理旗叶过氧化氢酶活性逐渐降低，而 J_1、J_2、J_3 处理先增高，花后 14 天才开始缓慢降低。在整个灌浆期相比较看出，过氧化氢酶活性为 $J_3>J_2>J_1>J_0>J_4$，J_1、J_2、J_3 处理的秸秆还田量明显可以提高过氧化氢酶活性，与 J_0、J_4 处理相比差异显著。适量秸秆还田可明显改善旗叶的过氧化氢酶活性，延缓小麦旗叶衰老。

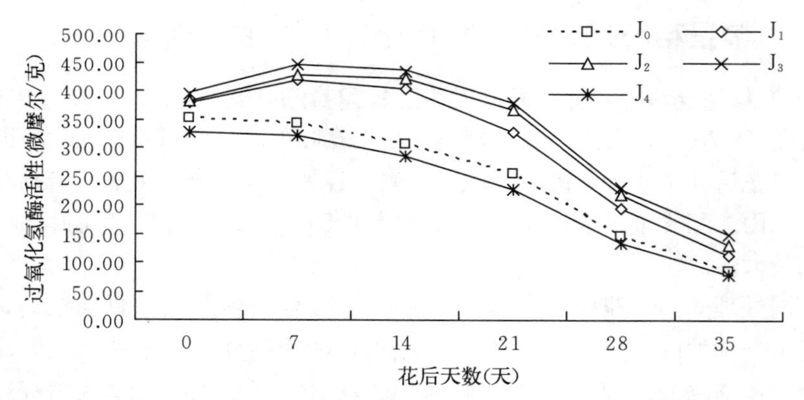

图 3-76 精量秸秆还田对旗叶过氧化氢酶活性的影响

(三) 精量秸秆还田对小麦旗叶超氧化物歧化酶活性的影响

超氧化物歧化酶活性是生物防御活性氧毒害的关键性保护酶之一，主要功能是清除超氧阴离子自由基（O^{2-}），减轻其对叶片细胞的毒害，从而延缓叶片衰老死亡。由图 3－77 可以看出，J_1、J_2、J_3 处理超氧化物歧化酶活性随着生育期的进行先升高后降低，在花后 7 天达到最大，而 J_0、J_4 处理花后超氧化物歧化酶活性逐渐降低，在花后 21 天时活性降低速度加快。说明在不同的秸秆还田处理中超氧化物歧化酶活性差异较大，其中 J_1、J_2、J_3 处理在花后可以促进小麦旗叶超氧化物歧化酶活性，清除多余自由基离子，而到花后 21 天时 J_2、J_3 处理仍然可以使超氧化物歧化酶活性高于其余处理。而 J_3 处理超氧化物歧化酶活性在整个灌浆期一直处于最高水平。

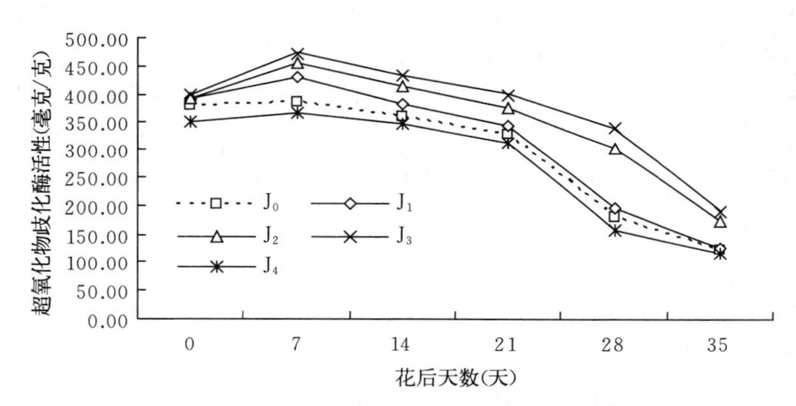

图 3－77 精量秸秆还田对旗叶超氧化物歧化酶活性的影响

（四）精量秸秆还田对小麦旗叶过氧化物酶活性的影响

过氧化物酶活性也是活性氧清除系统的关键酶之一，用以清除衰老过程中产生的活性氧，以减轻活性氧对细胞的毒害。由图 3－78 可以看出，各个处理过氧化物酶活性在花后 7 天达到最大，然后开始降低，且表现出 $J_3>J_2>J_1>J_0>J_4$。J_3 处理过氧化物酶活性在花后 7 天到最大值后，开始缓慢降低，而 J_0、J_4 处理在花后 14 天过氧化物酶活性迅速降低。J_2、J_3 处理在整个灌浆期

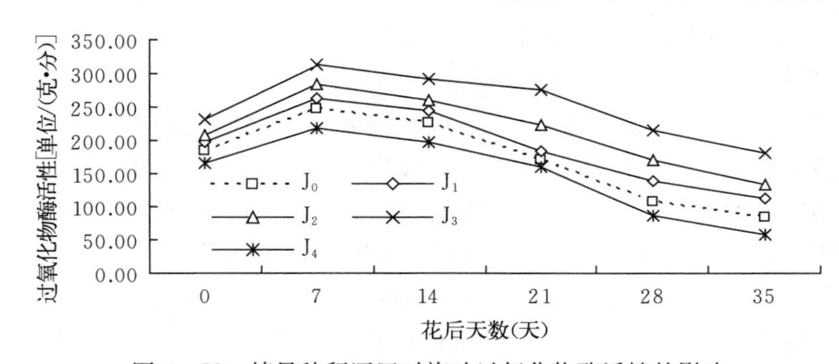

图 3－78 精量秸秆还田对旗叶过氧化物酶活性的影响

过氧化物酶活性与 J_0、J_4 处理相比差异极显著，而 J_1 与 J_0 处理相比差异不显著。说明在 J_3 处理范围内随着秸秆还田量的增多，旱地小麦旗叶过氧化物酶活性越强，衰老越慢。当秸秆还田量达到 J_4 处理时，秸秆还田起到的作用由正变为负，不仅不利于延缓旗叶衰老，反而加快了旗叶衰老。

七、精量秸秆还田对小麦群体发育以及产量的影响

（一）秸秆还田处理对群体叶面积指数与灌层透光率的影响

由图 3－79 可以看出，不同秸秆还田量对叶面积指数以及透光率有明显影响，而叶面积指数与群体透光率有着极显著的负相关性。随着秸秆还田量的增多，灌浆期旱地小麦群体叶面积指数逐渐增大，当秸秆还田量达到 J_3 处理时（6 000 千克/公顷）叶面积指数达到最大，再继续增加秸秆量将会导致叶面积指数降低，而群体透光率则与叶面积指数呈现负相关性，在叶面积指数增大的同时导致群体透光率降低。所以，群体中下部透光率随着秸秆还田量的增多而透光率降低。

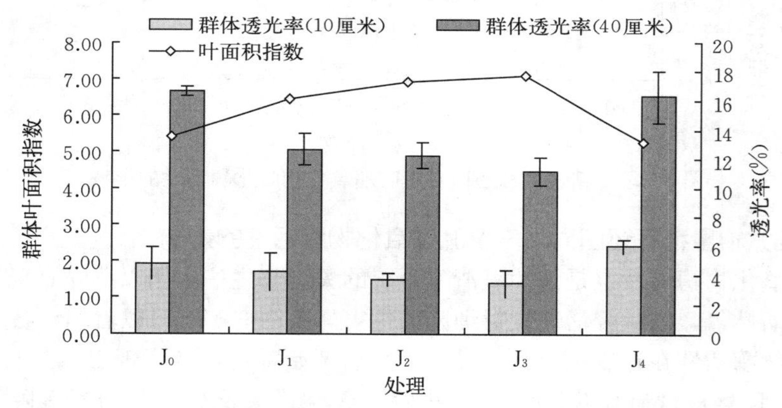

图 3－79　对小麦灌浆期群体叶面积指数与灌层透光率的影响

（二）秸秆还田对旱地小麦地上部干物质积累的影响

由表 3－11 可以看出，旱地小麦从拔节期开始地上部干物质迅速积累，在秸秆还田处理中，J_2、J_3 处理可明显提高灌浆期干物质的积累速率，而 J_4 处理地上部干物质的积累量反而低于 J_0 处理。结合图 3－79 可以看出，在适量的秸秆还田范围内可以明显促进群体生长发育，但是过量的秸秆还田明显地降低了群体叶面积指数和地上部干物质的积累速率。也就是说，过量秸秆还田后作物群体不仅变小，个体发育也很弱，导致作物长势要比无秸秆还田处理的弱。适量的秸秆还田（J_3 处理）不仅可以提高作物群体叶面积指数，还可以使作物地上部干物质积累量比无秸秆还田处理明显高，差异达到显著水平。

表 3-11 秸秆还田对旱地小麦地上部干物质积累的影响（克/株）

处理	分蘖期	拔节期	开花期	灌浆中期	成熟期
J_0	0.26b	2.07e	5.68d	6.53d	10.19d
J_1	0.26b	2.59c	5.97c	6.60c	10.57c
J_2	0.22c	2.62b	6.16b	6.67b	12.63b
J_3	0.28a	2.77a	6.69a	7.05a	14.20a
J_4	0.21d	2.25d	5.42e	5.91e	8.96e

注：同列数据后不同小写字母表示处理间差异达 5%显著水平。

（三）秸秆还田对旱地小麦产量以及产量构成的影响

秸秆还田可明显影响旱地小麦的产量构成因素，从而影响小麦的群体产量。小麦产量随着秸秆还田量的增多逐渐增高，但是超过 J_3 处理后产量反而降低。由表 3-12 可以看出，随着秸秆还田量的增多，旱地小麦产量基本苗逐渐减少，有效穗数同步减少，而千粒重在 J_0～J_3 处理范围内随着秸秆还田量的增多也同步增加，超出范围后反而降低。说明适量的秸秆还田虽然降低了基本苗数，造成穗数的降低，但是群体的减少更有利于个体发育，可以明显提高千粒重。所以，在最终产量上并没有降低，反而比 J_0 处理增产，J_3 处理比 J_0 处理增产达到 7.73%，差异达到显著水平。

表 3-12 秸秆还田对小麦产量及产量构成的影响

处理	基本苗（$\times10^4$/公顷）	穗数（$\times10^4$/公顷）	穗粒数（粒）	千粒重（克）	产量（千克/公顷）
J_0	330.00a	661.14a	32.59c	38.13e	6 983.35d
J_1	315.00b	646.15b	33.21b	39.63c	7 228.45c
J_2	286.74c	640.04c	33.25a	41.25b	7 461.77b
J_3	279.00d	636.54d	33.28a	41.78a	7 523.01a
J_4	232.50e	592.99e	33.15b	38.65d	6 458.02e

注：同列数据后不同小写字母表示处理间差异达 5%显著水平。

（四）旱地小麦出苗以及成穗各因素相关性分析

由表 3-13 可以看出，秸秆还田量与基本苗显著负相关，与穗数也有负相关性，但是并不显著。秸秆还田量与千粒重以及产量呈显著正相关性，说明秸秆还田不利于旱地小麦出苗，减少了基本苗，虽然群体少了，但是单体发育更好，更有利于灌浆进行，有利于小麦产量的提高。由表 3-13 也可以看出，基本苗与产量呈现显著负相关，说明群体是产量形成基础，所以在旱地情况下秸秆还田需要采取必要措施保证出苗率才能形成高产。但是，基本苗与千粒重是明显负相关的，所以不能盲目地增加播种量而造成群体过大。所以，综合各项指标得出，J_3 秸秆还田处理是最佳的秸秆还田量。

表 3-13　旱地小麦秸秆还田量与产量各因素的相关性分析

项目	基本苗（×10⁴/公顷）	穗数（×10⁴/公顷）	穗粒数（粒）	千粒重（克）	产量（千克/公顷）	秸秆还田量（千克/公顷）
基本苗（×10⁴/公顷）	1.000					
穗数（×10⁴/公顷）	0.943*	1.000				
穗粒数（粒）	−0.814	−0.959*	1.000			
千粒重（克）	−0.993**	−0.976*	0.88	1.000		
产量（千克/公顷）	−0.987*	−0.983*	0.897	0.994**	1.000	
秸秆还田量（千克/公顷）	−0.979*	−0.949	0.826	0.981*	0.973*	1.000

注：*表示在 5%水平上差异显著，**表示在 1%水平上差异显著。

八、秸秆还田量对旱地小麦影响分析

（一）秸秆还田量对旱地小麦土壤特性的影响

秸秆还田对土壤最显著的影响就是物理结构的变化。国内外大多数研究都表明，秸秆还田可明显降低土壤容重。马永良等（2003）研究发现，秸秆还田后 0～20 厘米的土壤容重较不还田对照下降，为作物生长发育提供了较好的土壤环境。

在本试验条件下，旱地小麦秸秆还田可明显改善土壤容重。在一定秸秆量范围内，随着秸秆还田量的增多，土壤容重减小越多。秸秆还田 9 000 千克/公顷处理的土壤容重相比空白对照可降低 0.11 克/厘米^3。说明秸秆还田可明显降低旱地小麦土壤容重，改善土壤通气状况，有利于旱地小麦根系的壮大，促进根系下扎，增强小麦植株的抗旱性。

秸秆分解产生的有机酸等中间产物，导致土壤 pH 降低，pH 的降低可以使土壤中的固定养分得到释放，而秸秆本身含有的营养元素经过秸秆分解释放到土壤中，最终导致土壤营养元素含量的提高，秸秆还田还可以稳定土壤温度，阻止地温过快散失，也可以抑制地温快速上升，这个作用可以明显地影响到一定土壤深度的地温变化。说明秸秆还田对土壤有明显的“增温效应”，而到小麦生育后期，随着秸秆还田量的增多，土壤温度出现逐渐降低趋势，说明秸秆还田在小麦生育后期对土壤有明显的“降温效应”。稳定的土壤温度可有效地减缓根系衰老，延长根系功能期，为小麦产量的提高奠定基础。

王芸等（2007）发现，秸秆还田能够显著提高土壤微生物量碳，并且能够显著提高土壤呼吸作用，前期可提高 99.7%。强学彩等（2004）经过试验发现，不同秸秆还田量对土壤二氧化碳释放和土壤微生物量的影响显著。张庆忠等（2005）通过试验发现，秸秆还田后农田土壤呼吸发生明显变化。赵兰坡等（1996）报道，施入玉米秸秆后可不同程度地提高土壤中过氧化氢酶、尿酶的活性，并且土壤的酶活性是与土壤有机质及养分含量有密切关系。娄翼来等（2007）通过试验证明，玉米秸秆可使土壤中一些酶的活性提高 1 倍以上。李春霞等（2006）发现，深耕秸秆还田处理和旋耕秸秆还田处理能明显提高土壤磷酸酶与转化酶活性。

本研究结果显示，秸秆还田可明显提高土壤中微生物量碳的含量。不同秸秆还田量处理对土壤微生物量碳的增加量不同。

（二）秸秆还田量对旱地小麦旗叶光合特性的影响

据研究，适量的玉米秸秆还田能明显提高小麦叶绿素含量与光合速率，特别是提高叶绿素 a 含量。刘高洁等（2010）研究发现，无机肥配合秸秆还田可明显提高旗叶光合速率，降低气孔限制因素。

本研究结果显示，秸秆还田处理旗叶光合速率在花后 7 天达到最大，然后逐渐降低。适量秸秆还田可促进旗叶光合，并且可明显延缓旗叶衰老，到成熟后期旗叶光合速率仍处于较高水平，但是过量秸秆还田则明显加快了旗叶的衰老。而气孔导度随着生育期的进行出现先增高后降低的趋势变化，当花后 14 天时，气孔导度达到最大值。适量的秸秆还田可以有效降低气孔对旗叶气体交换速率的限制，从而使得光合速率受限因素减小。J_3 处理可明显提高旱地小麦的净光合速率，降低叶片气孔导度的限制因素，提高叶片的水分利用效率。

（三）秸秆还田量对旱地小麦旗叶花后期生理特性的影响

适量的秸秆还田能明显抑制旱地小麦旗叶丙二醛的积累，但是过量秸秆还田对旗叶细胞的结构和功能有破坏作用，加速了旗叶的衰老。

过氧化氢酶能够催化过氧化氢分解为水和分子氧，并起到电子传递的作用。因此，在小麦膜脂过氧化过程中，过氧化氢酶是一种重要的保护酶。适量秸秆还田可明显改善旗叶的过氧化氢酶含量，延缓小麦旗叶衰老。

在不同的秸秆还田处理中，超氧化物歧化酶活性差异较大，其中 J_1、J_2、J_3 处理在花后可以促进小麦旗叶超氧化物歧化酶活性，清除多余自由基离子。而到花后 21 天时，J_2、J_3 处理仍然可以使超氧化物歧化酶活性高于其余处理。而 J_3 处理超氧化物歧化酶活性在整个灌浆期一直处于最高水平。

（四）秸秆还田量对旱地小麦产量及产量构成因素的影响

张静等（2010）研究发现，秸秆还田 9 000 千克/公顷能显著提高小麦的产量。董勤各等（2010）研究发现，秸秆粉碎还田与化肥配施措施有助于小麦的生长发育，产量构成要素（如千粒重、穗粒数、有效穗数等）得到明显提高，产量较常规施肥措施提高了 8.13%。叶文培等（2008）研究发现，秸秆还田提高水稻分蘖数、叶面积指数和地上部干物质量，增加了水稻每平方米穗数和每穗实粒数，从而提高了水稻产量。颜丽等（2004）试验结果表明，在各种还田方式中，以秋施玉米秸秆加微生物快腐剂处理和秋施玉米秸秆不调氮处理效较好，增产显著。

秸秆还田量对小麦产量形成因素的影响主要反映在有效穗数和千粒重上。在秸秆还田处理中，穗数随秸秆量的增多而减少，这可能是秸秆还田前期影响了小麦出苗率，造成后期有效穗数减少。而千粒重在 J_0～J_3 处理范围内随着秸秆还田量的增多也同步增加，超出范围后反而降低。说明适量的秸秆还田可增加小麦千粒重，过多的秸秆还田会造成灌浆不充分，千粒重降低。

总体来看，整个试验过程中，秸秆还田 9 000 千克/公顷处理表现出了三方面的效应：一是降低了土壤容重，提高了土壤表层的土壤含水量，提高了旱地小麦根系活力；二是秸秆分解释放大量营养元素，提高了土壤肥力；三是秸秆还田促进了土壤微生物的活动。土壤微生物活动的增强，增加了土壤磷、钾的矿化，促进土壤有效磷、速效钾提高；同时，微生物活动提高了土壤微生物量碳、土壤微生物量氮含量，也提高了农田的碳含量。

秸秆还田 9 000 千克/公顷可明显提高旱地小麦旗叶光合速率，通过减少旗叶中的衰老酶，从而延缓旗叶衰老，延长旗叶功能期，增加了小麦光合作用时间，可明显提高小麦产量。

对于当地旱地小麦而言，秸秆还田 9 000 千克/公顷可充分解决秸秆处理难问题，并且有效改善土壤肥力，提高小麦产量。

第三节　旱地小麦秸秆还田与氮肥耦合研究

一、试验设计

秸秆还田作为一个常态化的田间栽培技术已经大面积应用，前人对秸秆还田机理做了大量的研究，提出了许多还田技术。但对旱地秸秆还田技术及机理研究还较少，研究旱地秸秆还田生理及产量机理可有助于完善旱地适宜秸秆还田技术。秸秆还田配施氮肥已得到专家学者的一致认同，但在旱地条件下，秸秆还田配施不同氮肥量对作物的生理及产量形成影响还尚待深入研究。基于此，研究在旱地大田氮供应与秸秆还田对小麦生长发育及生理和产量的影响，以此为旱地秸秆还田方式及适宜的氮供应量提供参考，为维持旱地小麦产量稳定提高、高产和可持续生产具有一定意义。

试验于 2010—2012 年在青岛农业大学胶州现代农业科技示范园试验站进行。试验地为胶州市胶莱镇，地处北纬 36°26′、东经 120°48′，属北温带半湿润东亚季风气候区，受海洋环境的直接调节，具有显著的海洋性气候特征，全年平均气温 12.2 ℃，夏季平均气温 23 ℃，冬季平均气温 5 ℃；年平均降水量 650 毫米左右，年平均无霜期 210 天。试验地所在为无水浇条件的雨养旱地，已连续 5 年进行玉米秸秆还田，砂姜黑土，0～20 厘米土层有机质含量为 1.45%，土壤田间最大持水量为 14%，容重为 1.428 克/厘米^3，碱解氮 93.65 毫克/千克，有效磷 17.28 毫克/千克，速效钾 155.66 毫克/千克。

胶东地区较大降水主要集中在每年的 6—9 月，小麦生长季降水较少。由图 3－80 可以看出，小麦生长季节降水量明显稀少，2010—2011 年小麦生长季累积降水量 64.6 毫米，2010 年 10 月至 2011 年 4 月累积降水量 8.8 毫米，降水严重不足，直接影响了种子发芽和麦苗的返青。2011—2012 年小麦生长季累积降水量为 163.1 毫米，2011 年 10 月至 2012 年 4 月累积降水量为 139.6 毫米。每年 6 月降水多集中于中下旬，对小麦的影响较小，实际对小麦有效的降水集中于 10 月至翌年 5 月，在此时间内降水量较少，小麦生长季遭受干旱胁迫较严重。

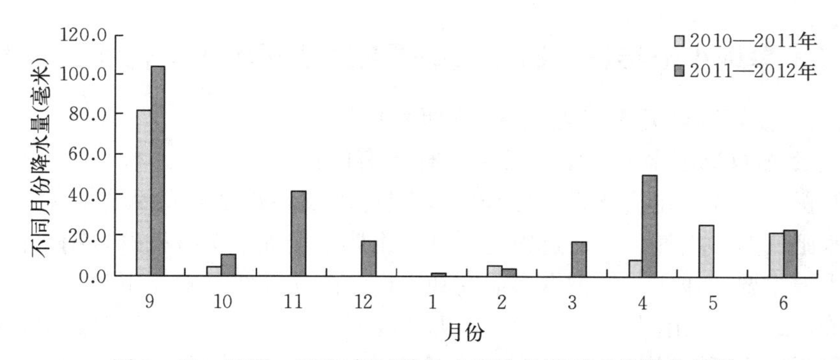

图 3－80　2010—2012 年试验地小麦生长期月平均降水情况

试验设 150 千克/公顷（N_1）、225 千克/公顷（N_2）两个氮用量（纯氮），设 0 千克/公顷（J_0）、3 000 千克/公顷（J_1）、6 000 千克/公顷（J_2）、9 000 千克/公顷（J_3）、12 000 千克/公顷（J_4）5 个秸秆还田量（秸秆干重），共组成 N_1J_0、N_1J_1、N_1J_2、N_1J_3、N_1J_4、N_2J_0、N_2J_1、N_2J_2、N_2J_3、N_2J_4 10 个试验处理。试验采用以氮肥为主分区、以秸秆量为副区的裂区法，副区用随机区组法，3 次重复，小区面积为 5 米×10 米。夏玉米收获后，玉米秸秆（秸秆含水量 51.32%）称量后，用粉碎机粉碎长度为 5 厘米左右，旋耕还田。供试小麦品种为旱地小麦品种青麦 6 号，播种量为 210 千克/公顷。2010 年 10 月 15 日播种，2011 年 10 月 23 日播种，平均行距为 18 厘米。试验地施用小麦复合肥 525 千克/公顷（N∶P∶K＝15∶18∶12），氮水平以碳酸氢铵补平，所有肥料全部一次性基施（表 3－14）。

表 3-14 旱地小麦秸秆还田与氮供应量处理

氮供应量（千克/公顷）	秸秆量编号	秸秆量（千克/公顷）
N_1（纯氮150）	J_0	0
	J_1	3 000
	J_2	6 000
	J_3	9 000
	J_4	12 000
N_2（纯氮225）	J_0	0
	J_1	3 000
	J_2	6 000
	J_3	9 000
	J_4	12 000

二、旱地小麦秸秆还田与氮肥耦合对麦田土壤理化性状的影响

（一）土壤营养元素变化（0～20 厘米）

1. 土壤有机碳含量变化 玉米秸秆含有的大量纤维素、木质素等物质是土壤有机质形成的主要来源。土壤有机碳是土壤中最活跃的成分，对肥力因素、水肥气热影响最大，通过归还秸秆于土壤以增加土壤有机碳，则是秸秆还田技术最主要的作用，已被众多研究和生产实践所证实（郑立臣等，2006；劳秀荣等，2002）。由图 3-81a 可知，无秸秆还田处理有机碳含量随着生育进程的进行逐渐降低，秸秆还田处理中土壤有机碳含量先降低后升高，J_3 处理的有机碳含量提高较多，在 N_1 和 N_2 水平下分别达到了 15.08 毫克/千克、15.60 毫克/千克。由图 3-81b 也可以看出，J_3 处理下对于土壤中有机碳的提高幅度最大。土壤中有机碳的含量不仅与秸秆还田量关系密切，而且不同施氮量对土壤有机碳也有影响，在不同氮水平下，土壤有机碳提高量不一样。其中，N_2 水平下土壤有机碳提高最为明显，而 N_1 水平下秸秆还田虽可提高土壤有机碳，但提高量有限，只有 N_1J_2、N_1J_3 水平的秸秆还田有机碳比基础值有小幅度提高，其余均降低。在 N_2 水平下，J_0、J_4 处理降低，其余均升高，以增加有机碳的幅度来看，以 N_2J_3 处理最大。说明不同秸秆还田量不一定均能增加有机碳含量，这需要合适的秸秆还田量以及适量的氮肥配合，氮肥的施用量也不能盲目增加，氮肥与秸秆量达到合适的比例才能在多年秸秆连续还田模式下提高土壤有机碳含量，而过量氮肥跟过量秸秆还田，不仅会造成资源浪费，甚至可能起到反作用。

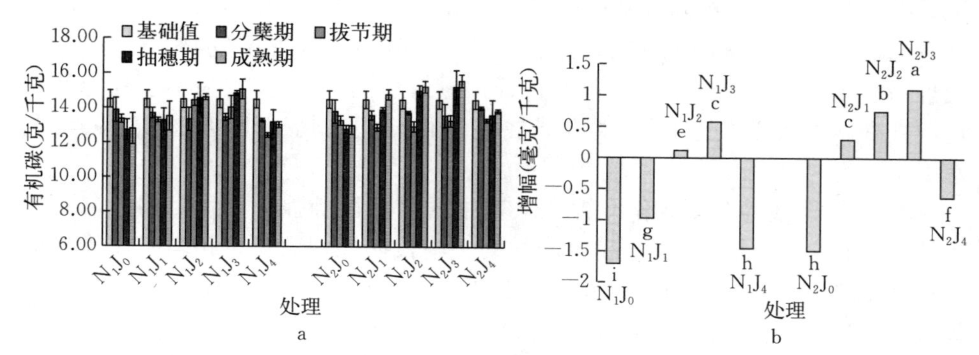

图 3-81 旱地小麦秸秆还田与氮肥耦合对土壤有机碳含量的影响

a. 土壤有机碳含量动态 b. 小麦生育期有机碳增幅（成熟期值－基础值）

注：不同英文小写字母表示处理间差异显著（$P<0.05$）。

2. 土壤碱解氮含量变化 由图 3-82a 可以看出，土壤碱解氮含量大体出现先升高后降低再增高的变化趋势，在分蘖期碱解氮含量的增高是播种时施肥造成的。分蘖期与拔节期是小麦营养器官快速增长期，此时期小麦消耗大量氮素进行营养器官的形态建成，此时期植株所需养分由施入的肥料提供再加上秸秆分解对氮素的需求，所以碱解氮含量降低，到抽穗期随着一部分秸秆分解释放出部分营养元素，小麦生育后期土壤碱解氮含量逐渐升高。但是，在 N_1 水平下的秸秆处理，由于施入氮素较少造成植株与分解秸秆的微生物争夺氮原微生物生长繁殖受阻，导致秸秆分解得少，所以土壤碱解氮增长有限。在施氮更多的 N_2 水平下，由于氮充足，秸秆分解较为彻底，所以提供的氮较多，土壤中碱解氮增加较多，从对比基础值的增幅来看，也达到显著水平。由图 3-82b 可

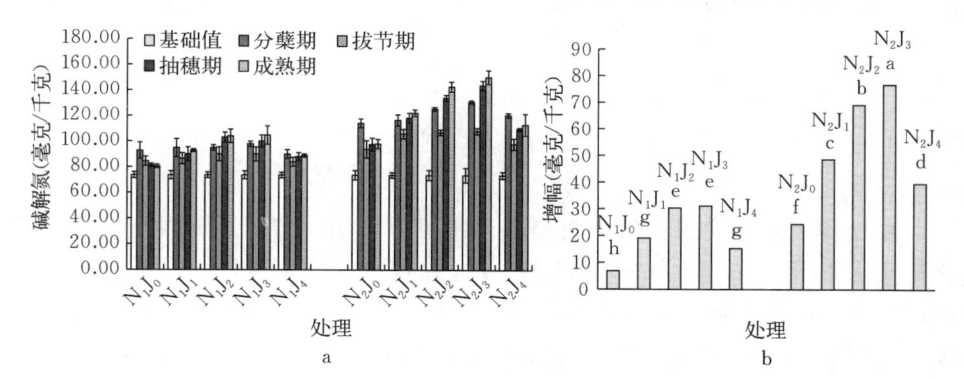

图 3-82 旱地小麦秸秆还田与氮肥耦合对土壤碱解氮含量的影响

a. 土壤碱解氮动态 b. 小麦生育期土壤碱解氮增幅（成熟期值－基础值）

注：不同英文小写字母表示处理间差异显著（$P<0.05$）。

以看出，在一定范围内随着秸秆还田量的增多，土壤碱解氮增长量增大，J_3 处理下的秸秆还田分解最为彻底，提供的氮元素最多。但在 N_1 水平下，J_3 与 J_2 处理碱解氮的增幅差异不明显，而秸秆用量最多的 J_4 处理增幅小于其他秸秆还田处理。这表明更多的氮供应能在更多秸秆还田情况下增加后期碱解氮水平。

3. 土壤速效钾含量变化 钾在土壤中的移动性较强，作物对钾的需要量也较大。Scott 等认为，秸秆还田增加的土壤代换性钾数量，相当于作物在生长季从土壤中吸收的代换性钾数量。由图 3-83 可以看出，秸秆还田土壤速效钾含量呈现先增高后降低再增高的趋势，但是无秸秆还田处理表现为先升高后降低。分蘖期速效钾含量突然增高是播种时施肥造成的。秸秆还田明显可提高后期土壤速效钾含量，变化趋势与土壤碱解氮变化趋势基本一致。不同氮水平下秸秆还田造成的速效钾增幅大体顺序为 $J_3>J_2>J_1>J_4>J_0$，且各个秸秆还田处理间差异显著（$P<0.05$），可见增加氮供应（N_2）可促进秸秆后期分解提高土壤钾含量，但 N_1J_1 增幅为负值，表明在此氮供应下秸秆还田量的秸秆腐解不能满足作物对钾的需求。

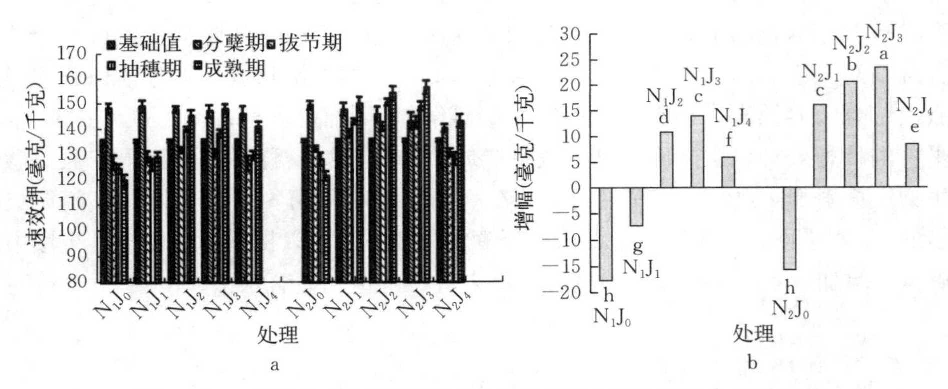

图 3-83 旱地小麦秸秆还田与氮肥耦合对土壤速效钾含量的影响

a. 土壤速效钾动态 b. 小麦生育期速效钾增幅（成熟期值－基础值）

注：不同英文小写字母表示处理间差异显著（$P<0.05$）。

4. 土壤有效磷含量变化 由图 3-84 可以看出，秸秆还田对土壤有效磷含量变化作用明显，且在一定范围内（J_3 处理秸秆还田量以内）随着秸秆还田量的增多，土壤有效磷增长得越多。但是，达到 J_4 处理秸秆还田量后，在 N_1、N_2 水平下反而比基础值低，可见过多的秸秆还田量不利于土壤中有效磷的积累。但不同氮供应的 J_4 处理秸秆量来看，更多的氮供应对有效磷降低的负影响越低。不同的氮肥对土壤有效磷增长量影响显著，增加施入的氮肥量可明显增加小麦生育后期土壤中的磷含量。在各个处理中，N_2J_3 处理土壤有效磷的增长量最多，达到 5.19 毫克/千克，在不同氮量供应下，秸秆处理土壤磷含量增长量顺序为 $J_3>J_2>J_1>J_4>J_0$。

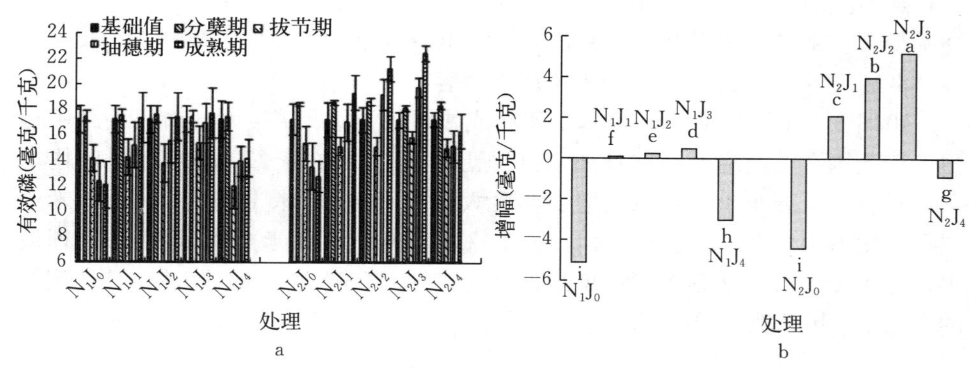

图 3-84　旱地小麦秸秆还田与氮肥耦合对土壤有效磷含量的影响

a. 土壤有效磷动态　b. 小麦生育期土壤有效磷增幅（成熟期值−基础值）

注：不同英文小写字母表示处理间差异显著（$P<0.05$）。

（二）土壤容重和土壤孔隙度变化（0～20 厘米）

一般研究认为，秸秆还田能降低土壤容重，耕层土壤较为疏松。但也有研究认为，秸秆还田对土壤容重影响不明显。在不同土壤类型、不同还田方式等条件下研究，结果有很大差异。本研究认为，秸秆还田能在一定程度上降低土壤容重，由图 3-85 可以看出，从成熟期与基础值的差值看，最高可降低土壤容重 0.068 克/厘米^3，降低率为 5.2%，但秸秆还田对 10～20 厘米土层的容重影响小于 0～10 厘米土层。同样秸秆还田条件下更多的氮供应量可加大土壤容

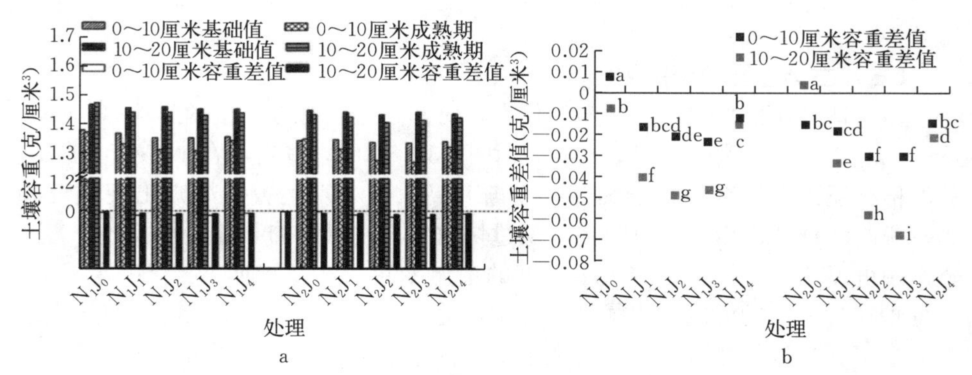

图 3-85　旱地小麦秸秆还田与氮肥耦合对土壤容重的影响

a. 土壤容重变化　b. 小麦生育期土壤容重差值（成熟期值−基础值）

注：不同英文小写字母表示处理间差异显著（$P<0.05$）。

重降低幅度，氮肥可能主要是通过影响秸秆的分解程度来间接影响土壤容重。在同一氮水平下，随着秸秆还田量的增加，土壤容重降低幅度增大，到 J_4 处理秸秆还田量时，土壤容重降低幅度急剧减少，在 N_1J_2 和 N_2J_3 处理的土壤容重降幅最大。秸秆还田对 0～10 厘米土层的土壤容重影响较大，变幅为 0.004～0.068 克/厘米^3，而 10～20 厘米土层土壤容重变幅为 0.007～0.03 克/厘米^3。

由图 3－86 可以看出，从基础值和成熟期的土壤孔隙度对比看，秸秆不还田处理土壤孔隙度降低，秸秆还田处理土壤孔隙度在 0～20 厘米土层内均增加，且 0～10 厘米土层孔隙度增加幅度大于 10～20 厘米土层，0～10 厘米土层孔隙度差值以 N_2J_3 处理最大，为 2.57%，10～20 厘米土层以 N_2J_2 处理最大，为 1.14%。随着施氮量的增加，土壤成熟期孔隙度增加。随着秸秆还田量的增加，土壤孔隙度增加幅度先增大后减小，至 J_4 处理土壤孔隙度增幅降低。

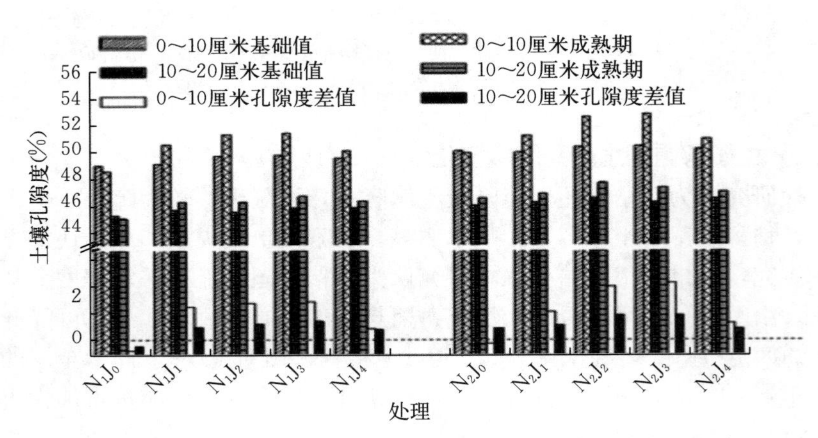

图 3－86　旱地小麦秸秆还田与氮肥耦合对土壤孔隙度的影响

（三）土壤温度动态变化

作物秸秆还田具有调节地温的优点，对作物生长有着直接的影响（KERN J S et al.，1993；常晓慧等，2011）。由图 3－87 可以看出，在小麦生育前期，随着秸秆还田量的增多，土壤温度逐渐升高，到小麦生育后期则出现相反趋势。说明秸秆还田后，可以阻止地温过快散失，也可以抑制地温快速上升，这个作用可以明显地影响一定土壤深度的地温变化。在返青期 N_1、N_2 水平下，J_3 处理秸秆还田的温度增幅最多，分别可达到 2.11 ℃、2.41 ℃，说明秸秆还田对土壤有明显的增温效应，而到小麦生育后期，随着秸秆还田量的增多，土壤温度出现逐渐降低趋势，说明秸秆还田在小麦生育后期对土壤有明显的降温效应。以上表明，秸秆还田对稳定土壤上层（5 厘米）温度有积极作用。但是，不同氮肥处理间却无明显差异，表明氮供应对土壤上层温度没有显著影响。

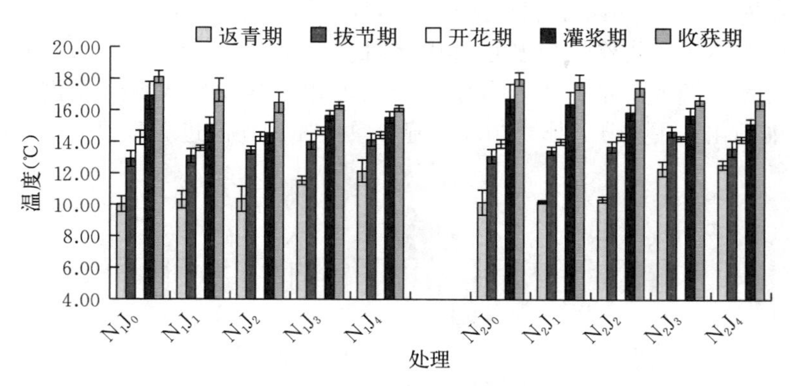

图 3-87　旱地小麦秸秆还田与氮肥耦合对土壤温度（5 厘米土层）的影响

（四）土壤 pH 变化（0～20 厘米）

秸秆还田可显著改变土壤 pH。大量研究认为，添加秸秆到土壤中会增加土壤 pH，具有石灰效应（Yan et al.，2000；Francois et al.，2007），能在一定程度上提高酸性土壤的作物产量。但也有不同的研究结果，Xu 等（2003）和 Tang 等（1999）研究发现，有些处理中添加秸秆会使土壤 pH 下降。这种不同的研究结果，可能是由于土壤类型、秸秆种类、环境等不同造成的。由图 3-88 可以看出，在碱性土壤中，秸秆还田后除 J_4 处理以外，土壤 pH 大体呈现先升高后下降的趋势，秸秆还田量最多的 J_4 处理土壤 pH 一直增加，这可能是由于秸秆还田量增多，秸秆分解变缓，持续氨化，造成 pH 一直升高，是多方面共同作用的结果。不同施氮量对土壤 pH 有着显著的影响，较多的氮供应量能平缓土壤 pH 的变动，土壤 pH 作物播种与收获时的差异较小。由图 3-89 可以看出，不同的秸秆还田量也显著改变土壤 pH，除 J_4 处理的土壤 pH 差值为正值外，其他秸秆还田处理土壤 pH 差值均为负值，即较播种时土壤 pH 下降。在一定范围内，随着秸秆还田量的增加，土壤 pH 差值减小。本研究土壤 pH

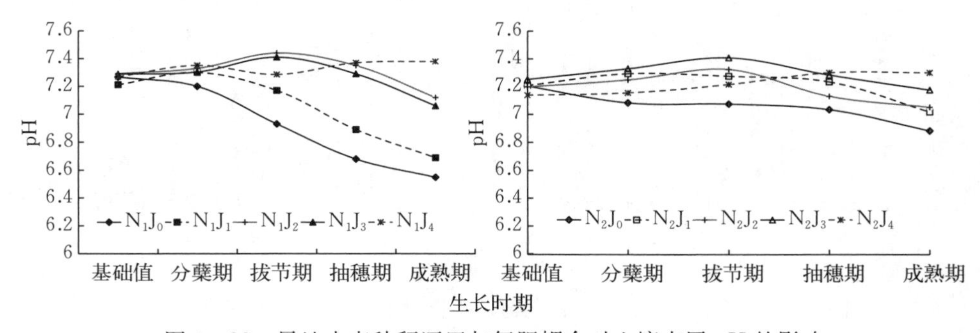

图 3-88　旱地小麦秸秆还田与氮肥耦合对土壤表层 pH 的影响

先升高后降低可能与旱地秸秆还田有关，旱地土壤水分含量低，秸秆分解变缓，土壤中氮的氨化作用以及秸秆中有机阴离子交换等缓慢增加，pH 增加，到小麦生育后期随着秸秆不断分解，土壤理化性状发生改变，无机氮不断释放，土壤硝化作用加强，土壤 pH 下降，具体原因还需进一步研究。

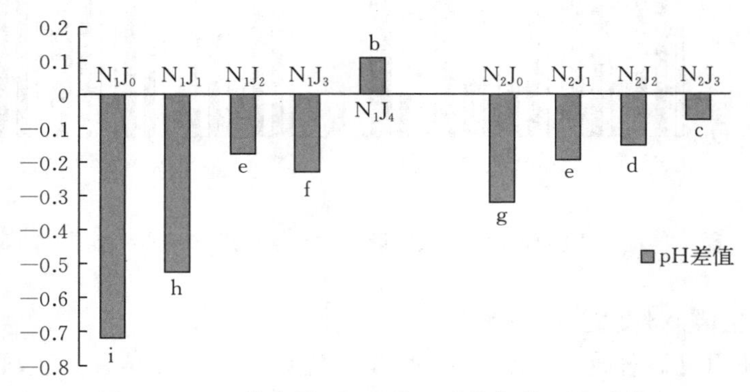

图 3-89　土壤表层 pH 差值（成熟期值－基础值）

（五）相关酶活性变化（0～20 厘米）

1. 土壤脲酶活性　土壤脲酶可催化水解酰胺态有机氮化物为无机氮化物，脲酶活性与土壤肥力密切相关，能在一定程度上表征土壤肥力高低状况（Qin S P et al.，2010）。由图 3-90 可以看出，在小麦整个生育时期，脲酶活性先升后降，在小麦拔节期活性最高。增加氮供应量，土壤脲酶活性增强，N_2 水平下的脲酶活性显著高于 N_1 水平各处理，可能更多的施氮量改善了秸秆分解时的需氮问题，土壤微生物活跃，秸秆分解加快。随着秸秆还田量的增加，土

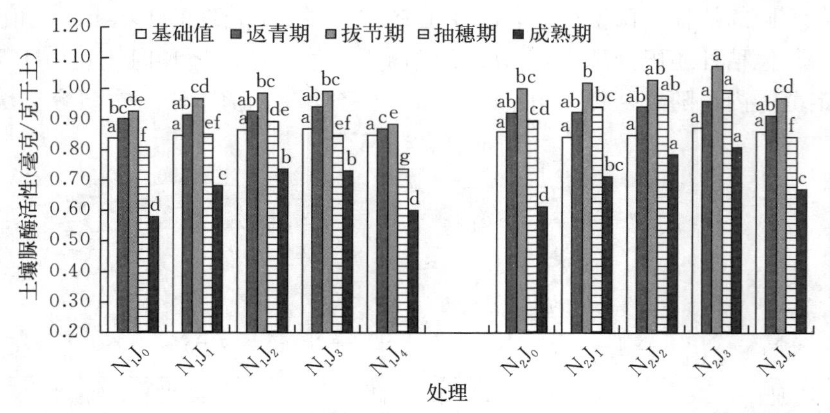

图 3-90　旱地小麦秸秆还田与氮肥耦合对土壤表层脲酶活性的影响

注：不同英文小写字母表示处理间差异显著（$P<0.05$）。

壤脲酶活性增加，增至 J_4 处理活性反而降低。在 N_1 水平下，N_1J_2 和 N_1J_3 处理土壤脲酶活性差异不显著，但显著高于其他处理，其次为 N_1J_1、N_1J_0 和 N_1J_4 处理；在 N_2 水平下，N_2J_3 处理土壤脲酶活性最高，其他各处理在前期差异不显著，在小麦成熟期表现为 $N_2J_2>N_2J_1>N_2J_4>N_2J_0$，且均达到显著水平。这表明秸秆还田能显著增加小麦生育后期土壤脲酶活性，配施氮肥能进一步增加脲酶活性。

2. 土壤碱性磷酸酶活性　土壤碱性磷酸酶能够矿化有机磷，同时能促进植物对无机磷的吸收，可以表征土壤供磷能力高低。如图 3－91 所示，土壤碱性磷酸酶在小麦整个生育时期呈现先升后降的趋势，拔节至抽穗期达到最高值。增加氮供应量，各处理土壤碱性磷酸酶活性显著增加，增加氮素可促进磷素的矿化与吸收。秸秆还田处理土壤碱性磷酸酶活性明显高于不还田处理，秸秆还田后引起土壤发生一系列理化性状的改变，从而提高了碱性磷酸酶活性。从不同氮水平来看，在 N_1 水平下，在 J_0～J_3 处理范围内随着秸秆还田量的增加土壤碱性磷酸酶活性增加，以 N_1J_3 处理土壤碱性磷酸酶活性最高。更多秸秆还田量的 J_4 处理土壤碱性磷酸酶活性反而低于其他秸秆还田处理，这可能是由于过多的秸秆量加上氮肥用量少，分解不彻底，土壤供磷能力下降。在 N_2 水平下，随着秸秆用量的增加，土壤碱性磷酸酶活性先升后降，J_2 处理最高，与 J_3 处理差别不大，这可能是秸秆分解较为彻底，改善了土壤的水热状况，施氮与释放的氮大大提高了土壤供磷能力。

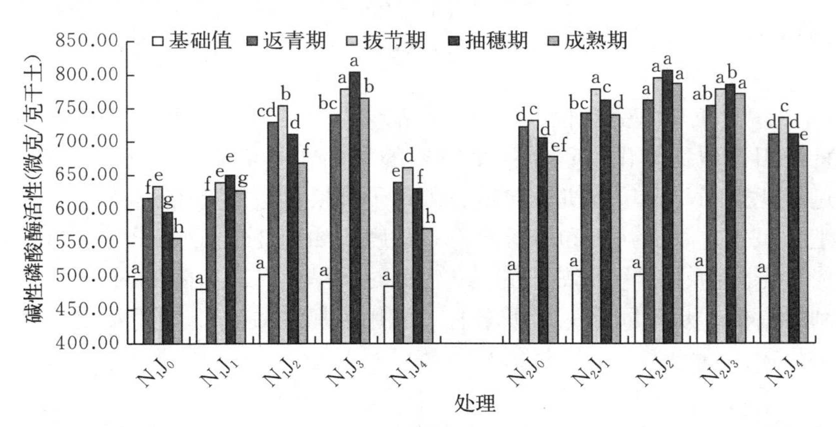

图 3－91　旱地小麦秸秆还田与氮肥耦合对土壤表层碱性磷酸酶活性的影响

注：不同英文小写字母表示处理间差异显著（$P<0.05$）。

3. 土壤纤维素酶活性　秸秆中纤维素的分解对于秸秆利用提高土壤肥力具有重要意义。如图 3－92 所示，在整个小麦生育时期，土壤纤维素酶基本呈现先下降后上升的变化趋势，麦田基础值较高，在 19 微克/克左右，各处理差异不显著，经过越冬期后，在小麦返青期纤维素酶活性急剧降至较低，然后随着生育进程而逐渐增加，至成熟期达到最高值。相对于 N_1 水平来讲，更多供氮量的 N_2 水平各处理土壤纤维素酶活性显著高于 N_1 各处理，这表明氮肥的施用显著影响纤维素酶的活性，更多的施氮量有利于秸秆纤维的分解。在两个氮水平下均表现为随着秸秆用量的增多，土壤纤维素酶活性增强，N_1 水平下 J_3 处理土壤纤维素酶活性高于 J_2 处理，但在成熟期差异不显著；N_2 水平下以 N_2J_3 处理土壤纤维素酶活性最高，接下来为 N_2J_2、N_2J_1、N_2J_4 和 N_2J_0，除基础值外，大部分达到显著水平。

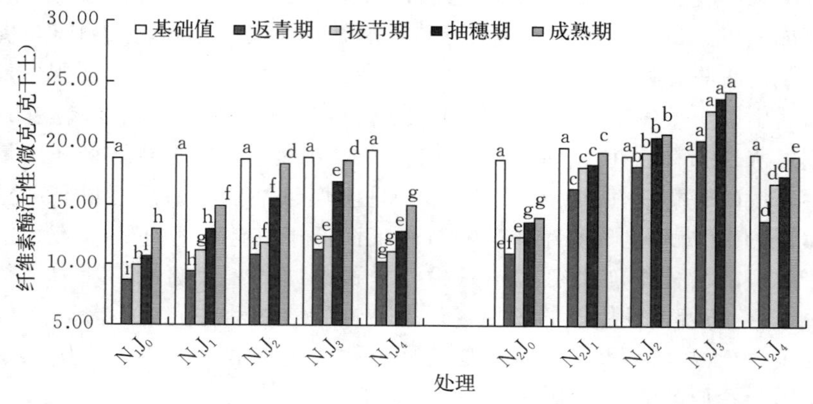

图 3－92　旱地小麦秸秆还田与氮肥耦合对土壤表层纤维素酶活性的影响

注：不同英文小写字母表示处理间差异显著（$P<0.05$）。

4. 土壤过氧化氢酶活性　过氧化氢酶参与有机质的氧化和腐殖质的合成，是秸秆还田后秸秆转化过程中一个重要的酶，在土壤中分布很广。有研究认为，过氧化氢酶与土壤有机质含量、阳离子代换量呈极显著正相关，可以表征土壤生物氧化过程的强弱和有机质积累程度。如图 3－93 所示，过氧化氢酶变化趋势与脲酶活性基本一致，在小麦生育时期呈先升高后降低的趋势，在拔节期达到最高值。从不同施氮水平来看，施用氮肥能提高土壤过氧化氢酶活性。随着秸秆还田量增多，土壤过氧化氢酶活性增强，至 J_4 处理时活性降低。不同的氮水平表现出不同的趋势。N_1 水平下，J_2 和 J_3 处理在生育前期差别不显著，在成熟期 J_3 处理过氧化氢酶活性显著高于 J_2 处理，表明其在后期也有较强的土壤物质转化能力，J_1 和 J_4 处理差别较小。N_2 水平下，以 J_3 处理土壤过氧化氢酶活性最高，接下来为 $N_2J_2>N_2J_4>N_2J_1>N_2J_0$。

5. 土壤蛋白酶活性　土壤中的蛋白酶参与土壤氮素循环、土壤中含氮有机化合物的转化分解，且蛋白酶的分解产物是作物生长所需的氮源之一。所以，蛋白酶活性对于秸秆还田后有机物分解具有重要作用。由图 3－94 可以看

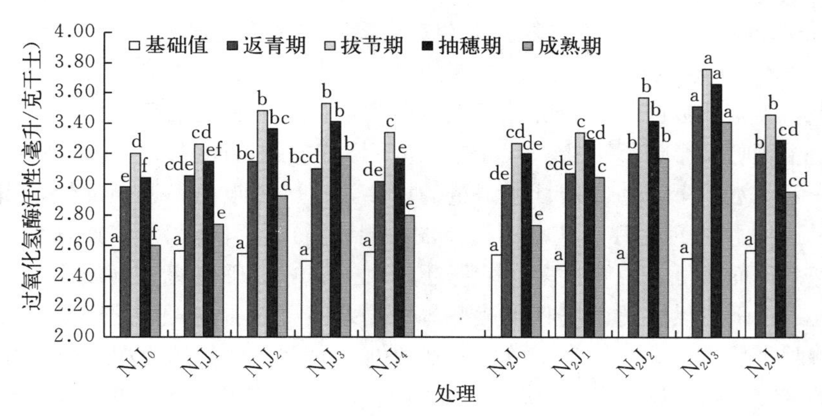

图 3-93　旱地小麦秸秆还田与氮肥耦合对土壤表层过氧化氢酶活性的影响

注：不同英文小写字母表示处理间差异显著（$P<0.05$）。

出，土壤中蛋白酶活性基础值较高，返青期下降，但在拔节至抽穗期急剧升高，成熟期降低。氮量多的 N_2 水平各处理土壤蛋白酶活性高于 N_1 水平处理，这可能是由于氮量增多刺激了蛋白酶活性转化能力。秸秆还田处理土壤蛋白酶活性高于不还田处理，秸秆的介入需要进行更多有机化合物转化，蛋白酶活性增强。随着秸秆用量的增多，土壤蛋白酶活性表现为先增加后减少的趋势，至 J_4 处理土壤蛋白酶活性降低，这可能是由于过量秸秆还田后，由于旱地水分亏缺，秸秆不能被酶充分分解，其氮素转化释放受到影响，酶活性降低。N_1 和 N_2 水平下，J_3 处理蛋白酶活性在小麦各个生育时期显著高于其他处理。

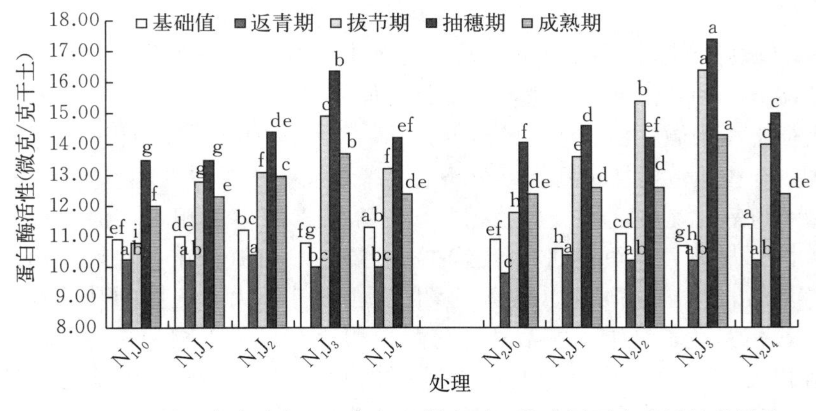

图 3-94　旱地小麦秸秆还田与氮肥耦合对土壤表层蛋白酶活性的影响

注：不同英文小写字母表示处理间差异显著（$P<0.05$）。

（六）土壤呼吸响应

1. 旱地小麦秸秆还田与氮肥耦合对土壤呼吸速率的影响　由图3-95可以看出，土壤呼吸速率随着小麦生育期的进行逐渐加快，且秸秆还田明显加快土壤呼吸，土壤呼吸速率的加快说明土壤中微生物活动更加活跃。而单纯的施用氮肥对土壤呼吸影响不明显，相同秸秆量下增施氮肥可明显加快土壤呼吸速率。在同一氮肥水平下，随着秸秆还田量的增多，土壤呼吸速率逐渐加快，当秸秆还田量达到J_3处理后呼吸速率不再增加，继续增加秸秆还田量（J_4处理）土壤呼吸速率反而降低，说明过多的秸秆还田对土壤呼吸反而有抑制作用。从相同秸秆还田量下氮供应的土壤呼吸速率氮水平差值可以看出，J_3处理氮供应引起的土壤呼吸反应最大，均为正效应，其他处理氮供应引起的土壤呼吸变化没有明显的规律。秸秆还田引起土壤呼吸的变化高于氮供应引起的土壤呼吸的变化。

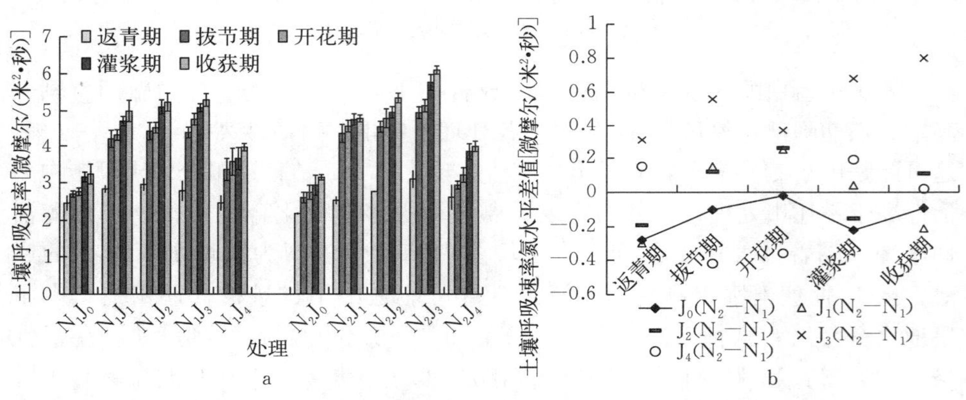

图3-95　旱地小麦秸秆还田与氮肥耦合对土壤呼吸速率的影响

a. 土壤呼吸速率　b. 土壤呼吸速率氮水平差值（生育时期N_2-N_1）

2. 土壤呼吸与土壤酶相关关系　土壤中的酶是由微生物、根际分泌、动植物活体分泌和残体分泌而来，酶是具有催化能力的生物活性物质，而土壤呼吸是表征土壤中微生物总活性的重要指标，与土壤中酶活性的相关性很大。对土壤呼吸与土壤酶活性进行统计分析，结果表明，土壤呼吸速率与脲酶、碱性磷酸酶和过氧化氢酶活性极显著相关，与纤维素酶显著相关，但与蛋白酶活性相关性不显著，这可能是由于蛋白酶主要是参与氮转化，水解蛋白质生成肽和氨基酸，与土壤微生物释放二氧化碳相关性不大。土壤中其他酶之间大多存在着相关性，纤维素酶活性只与蛋白酶存在显著正相关，与其他酶活性不显著相关。土壤中酶活性与土壤呼吸的相关性也表明，在旱地秸秆还田中，土壤呼吸与酶活性和微生物的活动有着显著的联系，而微生物活动的强弱对秸秆的腐解具有重要的意义，土壤呼吸的强弱在一定程度上能表征秸秆分解的快慢程度（表 3－15）。

表 3－15　土壤呼吸与土壤酶相关性分析

相关系数	土壤呼吸	蛋白酶	脲酶	纤维素酶	碱性磷酸酶	过氧化氢酶
土壤呼吸	1					
蛋白酶	0.12	1				
脲酶	0.57**	0.09	1			
纤维素酶	0.32*	0.30*	0	1		
碱性磷酸酶	0.51**	0.74**	0.36*	0.04	1	
过氧化氢酶	0.62**	0.67**	0.55**	−0.02	0.89**	1

注：*表示处理间差异显著（$P<0.05$），**表示处理间差异极显著（$P<0.01$）。

一般认为，秸秆还田可以明显改善土壤的物理状况，使土壤容重下降，孔隙度增加，有机质含量升高，缓解土壤氮流失，提高土壤的供肥水平。氮肥与秸秆还田配施降低了氮肥回收率，增加了土壤氮残留率，但与单施氮或秸秆相比明显改善了土壤的物理性状。本研究在旱地条件下研究了小麦秸秆还田与氮肥耦合对土壤的影响，结果表明，与不还田处理相比，秸秆还田增加了土壤有机碳、碱解氮、速效钾和有效磷含量，秸秆还田能调节地温，降低了土壤容重，增加了孔隙度，这与前人的研究一致（洪春来等，2003；张静等，2010；刘巽浩等，2000），在旱地碱性土壤中秸秆还田降低了土壤 pH，但降幅小于不还田处理，这与有些研究（Yan et al.，2000；Francois et al.，2007）不一致，可能在偏碱性旱地中，土壤微生物的组成不同，形成的腐殖酸使土壤 pH 减小，但秸秆还田带有一定的石灰效应，减小幅度小于不还田处理。在相同秸秆还田下随着施氮量的增多，土壤有机碳和氮、磷、钾含量增幅变大，增加了土壤孔隙度，这表明在同样秸秆量下更多氮供应能促进秸秆的分解和正面影响土壤的物理性状，对小麦生长发育有利。

不同氮肥与秸秆量对土壤物理性状影响不同。在不同氮量下均表现为随着秸秆量增加，土壤有机碳以及氮、磷、钾等养分涨幅先升高后降低，在 J_3 处理时达到最高值，再增加秸秆量（J_4 处理）增幅下降，甚至增幅为负。在 N_1 水平下，秸秆还田对土壤氮、磷、钾的增长量有限，而增施氮肥（N_2 水平）可明显改变这种情况。土壤有机碳是土壤质量的一个重要指标，可以看出，在 N_1J_1、N_1J_0 和 N_1J_4 还田量下，土壤有机碳在小麦整个生育时期是减少的，在 J_4 处理下可能是由于秸秆量多而不能充分分解，影响土壤环境，而 N_1J_1 可能是由于其还田量少，对土壤营养状况改善能力有限。因此，并不是任意秸秆还田均会增加土壤有机碳含量，需要合适的氮肥配比才会更好地改善土质。在合适的秸秆量范围内，增加秸秆量会进一步降低土壤容重，增加土壤孔隙度尤其是表层（0～10 厘米）土壤孔隙度，对稳定（5 厘米）土壤温度作用明显（氮肥对上层温度没有显著影响），土壤 pH 差值减小，变化更加平缓，但过多的还田量（J_4 处理）会对土壤物理性状有负作用。值得说明的是，本研究中 pH 在小麦整个生育时期是先升高后降低，与前人研究不一致，可能与旱地秸秆还田有关，旱地土壤水分含量低，秸秆的分解变缓，土壤中氮的氨化作用以及秸秆中有机阴离子交换等缓慢增加，pH 增加，到小麦生育后期随着秸秆不断分解，土壤理化性状发生改变，无机氮不断释放，土壤硝化作用加强，土壤 pH 下降，具体原因还需进一步研究。

土壤中相关酶活性对于秸秆分解与转化具有重要的作用，经过酶的步步催化转化，秸秆才能顺利分解为微生物量残体，再进一步转化为腐殖质，并释放出养分。纤维素酶对秸秆中纤维素的分解具有重要意义。土壤脲酶可催化酰胺态有机氮化物水解为无机氮化物，活性与土壤肥力密切相关。土壤中的蛋白酶可参与土壤氮素循环，参与土壤中含氮有机化合物的转化分解，且分解产物是作物生长所需的氮源之一。土壤碱性磷酸酶能够矿化有机磷，同时能促进植物对无机磷的吸收。过氧化氢酶参与有机质的氧化和腐殖质的合成，与土壤有机质含量、阳离子代换量呈极显著正相关。本研究对以上 5 种酶进行了分析研究，结果表明，秸秆还田后土壤中纤维素酶、脲酶、碱性磷酸酶、过氧化氢酶和蛋白酶活性增高，这与前人的研究一致（张伟等，2011；杨文平等，2011；任万军等，2011），秸秆介入土壤后，引起土壤微生物活动旺盛，相关分解与转化酶活性相应增强，提高了有机质的转化和养分有效性。随着供氮量的增多，酶活性也随之增强，更多施氮处理的酶活性增幅加大。微生物分解需要部分无机氮素，氮供应增加刺激了微生物的活性。不同施氮量下秸秆还田量对土壤酶活性的影响不同。纤维素酶、脲酶、碱性磷酸酶、过氧化氢酶和蛋白酶活性基本上表现为相同氮水平下在一定秸秆量内随着还田量的增多土壤酶活性增强，到一定秸秆量后再增加还田量酶活性下降，甚至低于基础值。在低氮供应（N_1）水平下，土壤蛋白酶活性、碱性磷酸酶和纤维素酶活性表现为 J_3 处理显著高于其他处理，脲酶和过氧化氢酶活性为 J_2 和 J_3 处理最高，但两者之间差异不显著。在 N_2 水平下，以 J_3 处理酶活性最高。在两种氮水平下，以 J_4 处理的土壤酶活性降低，这可能是因为旱地水分亏缺，更多的秸秆还田分解使水肥竞争矛盾大，微生物活动受到抑制，土壤相关酶活性降低，显著影响秸秆的分解。

三、旱地小麦秸秆还田与氮肥耦合对小麦光合特性及氮代谢的影响

（一）叶面积指数动态变化

叶面积指数是反映作物群体大小动态的较好指标。由表 3 - 16 可以看出，

旱地小麦秸秆还田与氮肥耦合对叶面积指数均有不同程度的影响。秸秆还田叶面积指数在前期低于对照，但提高了抽穗期以后的叶面积指数，而孕穗后期的叶面积指数的大小与产量关系更为密切，这可能是由于秸秆还田影响了小麦出苗率，群体较小，叶面积指数较低，但后期随着秸秆的不断分解，土壤理化性状发生改善，分蘖增多，植株生长好，叶面积指数高。各秸秆还田处理随着氮肥增多，小麦叶面积指数增大。未秸秆还田的麦田，氮肥直接促进了小麦的生长；秸秆还田的麦田，氮肥通过改变土壤环境而促进小麦生长。随着秸秆还田量的增加，小麦叶面积指数逐渐增加，但 J_4 处理叶面积指数降低，过多的秸秆还田量影响了小麦的分蘖和生长，群体小，但在小麦生育后期仍高于未还田处理。在 N_1 水平下，J_2 和 J_3 处理的叶面积指数最高；在 N_2 水平下，J_3 处理的叶面积指数最高，接下来为 J_2、J_1、J_4 和 J_0 处理。

表 3-16　旱地小麦秸秆还田与氮肥耦合对小麦叶面积指数的影响

处理	返青期	拔节期	抽穗期	灌浆期	成熟期
N_1J_0	2.82Bb	5.45Ee	5.58GHgh	3.67Hh	1.95Gg
N_1J_1	2.47Ee	5.16Gh	5.51Hh	4.17Ff	2.54Ee
N_1J_2	2.62CDd	5.34EFfg	6.62DEd	5.41Cc	3.09BCc
N_1J_3	2.51DEe	5.36EFef	6.65Dd	5.35CDc	3.07Cc
N_1J_4	2.50DEe	5.01Hi	5.96Ff	4.62Ee	2.91Dd
N_2J_0	2.97Aa	5.26FGgh	5.65Gg	3.95Gg	2.11Ff
N_2J_1	2.73BCbc	6.75Cc	6.80Cc	5.41Cc	3.05Cc
N_2J_2	2.48Ee	6.97Bb	7.10Bb	5.70Bb	3.18Bb
N_2J_3	2.68Ccd	7.38Aa	7.60Aa	6.13Aa	3.52Aa
N_2J_4	1.90Ff	6.18Dd	6.53Ee	5.22Dd	3.02Cc

注：不同英文大写字母表示处理间差异极显著（$P<0.01$），不同英文小写字母表示处理间差异显著（$P<0.05$）。

（二）旱地小麦秸秆还田与氮肥耦合对小麦群体光合速率的影响

用净光合速率和叶面积指数的乘积可以近似表征群体光合速率变化。由图3-96可以看出，随着灌浆期进程，群体光合速率逐渐降低。秸秆还田增加了灌浆期群体光合速率，这可能是由于秸秆还田后改善了土壤理化性状和水热状况，小麦群体趋于合理，个体与群体协调发展，群体光合较高。随着施氮量的增加，尤其灌浆中前期的小麦群体光合增加。随着施氮量的增加，小麦群体光合增加，至 J_3 处理达到最高值，再增加秸秆量（J_4 处理），小麦群体光合速率降低，与不还田处理的小麦群体光合速率相差不大。

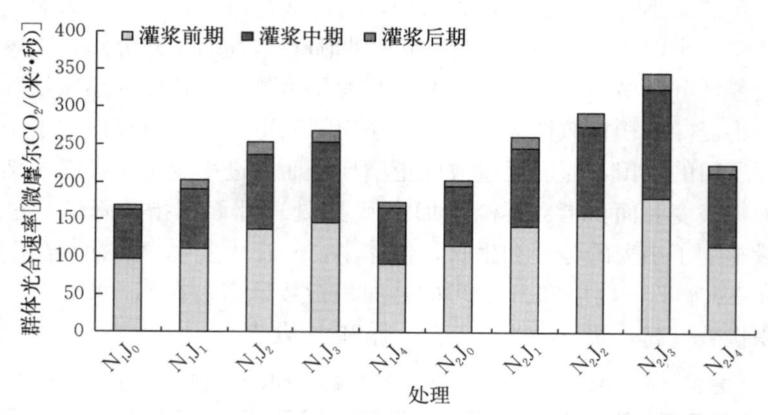

图 3-96　旱地小麦秸秆还田与氮肥耦合对小麦群体光合速率的影响

（三）旱地小麦秸秆还田与氮肥耦合对小麦灌浆期旗叶气孔限制值的影响

由图 3-97 可以看出，随着灌浆期进程，气孔限制值呈现先降低后升高的趋势。秸秆还田下的氮肥用量对气孔限制值的影响不明显，呈不规律变化。在相同施氮水平下，开花期和灌浆中期表现为随着秸秆还田量增加气孔限制值降低的趋势，但 J_1 处理表现为气孔限制值较高。综合各个时期来看，以 J_2 处理气孔限制值较低。

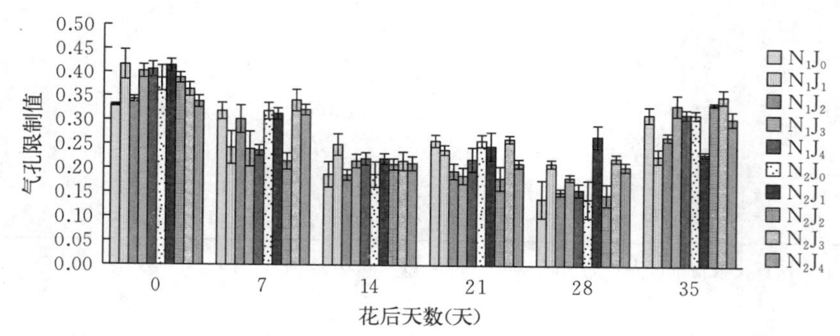

图 3-97　旱地小麦秸秆还田与氮肥耦合对小麦灌浆期旗叶气孔限制值的影响

（四）旱地小麦秸秆还田与氮肥耦合对小麦灌浆期旗叶饱和蒸汽压亏缺的影响

饱和蒸汽压亏缺影响蒸腾、气孔张缩以至影响二氧化碳和水汽的进出。由图 3-98 可以看出，在小麦灌浆期，饱和蒸汽压亏缺随着生育进程呈现先升高后降低的趋势，表明在灌浆中期蒸腾较强，光合作用等生理活动较为旺盛。秸秆还田在灌浆中前期降低了小麦旗叶饱和蒸汽压亏缺，但在灌浆末期饱和蒸汽压亏缺反而增加。从相同秸秆量下不同施氮水平来看，更多的施氮量降低了小麦旗叶饱和蒸汽压亏缺，表明更多的施氮对小麦旗叶的蒸腾具有正效应。在相同氮水平下不同秸秆还田处理旗叶饱和蒸汽压亏缺表现不一致，在 N_1 水平下随着秸秆还田量的增加饱和蒸汽压亏缺呈先降低后增加的趋势，以 J_2 处理最低；在 N_2 水平下也表现为随着秸秆量增加呈先降低后升高的趋势，但在灌浆中前期表现为 J_3 处理最低。两种氮水平下在花后 35 天的旗叶饱和蒸汽压亏缺数据呈不规律变化，这可能是由于在灌浆末期，小麦旗叶衰老程度不一致，光合速率降低，蒸腾失水呈不规律变化。

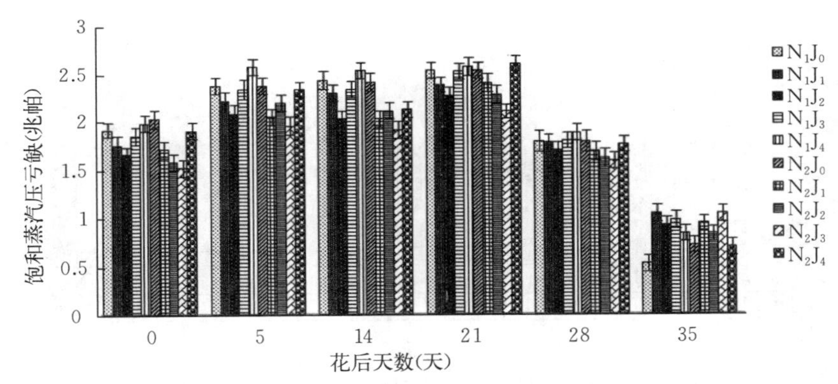

图 3-98　旱地小麦秸秆还田与氮肥耦合对小麦灌浆期旗叶饱和蒸汽压亏缺的影响

四、旱地小麦秸秆还田与氮肥耦合对叶片水分利用率的影响

叶片水平上的水分利用率是理论的水分利用率，是叶片净光合速率与蒸腾速率的比值，能在一定程度上反映植株对水分的利用情况，随着灌浆期进程呈双峰曲线。由图 3-99 可以看出，随着施氮量的增多，秸秆还田处理的叶片水

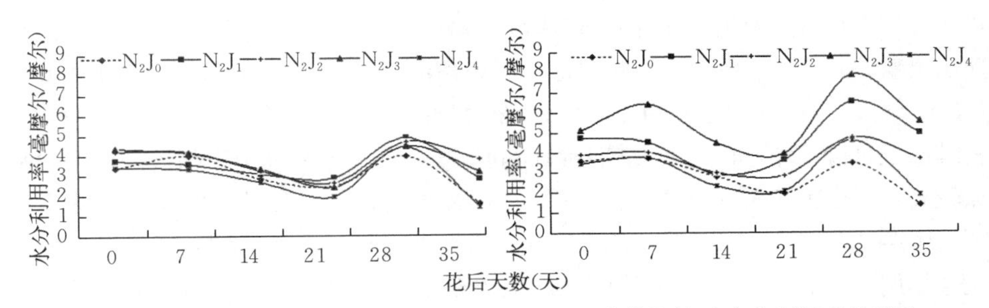

图 3-99　旱地小麦秸秆还田与氮肥耦合对小麦灌浆期旗叶水分利用率的影响

分利用率增加，但非秸秆还田麦田变化不大，表明氮供应能提高秸秆还田麦田的叶片水分利用率，这对于旱地尤其重要。随着秸秆还田量的增多，叶片水分利用率有增加的趋势，但不同的氮水平表现不一致。在 N_1 水平下，各处理在灌浆期的差别不明显，但从水分利用率均值来看，以 N_1J_2 处理的最高，更多的秸秆还田量反而降低了叶片水分利用率。在 N_2 水平下，各处理在灌浆期叶片水分利用率表现为 $J_3>J_1>J_2>J_4>J_0$，其均值也表现类似的趋势（图 3 - 100）。不同氮供应量下的各处理叶片水分利用率的差别表明，更多的氮供应量能促进灌浆期旗叶的水分利用，同样的水生产更多的光合物质，氮素可能间接或直接通过促进旱地秸秆的分解进而促进了植株的水分效率，对于抗旱高产具有一定的意义。

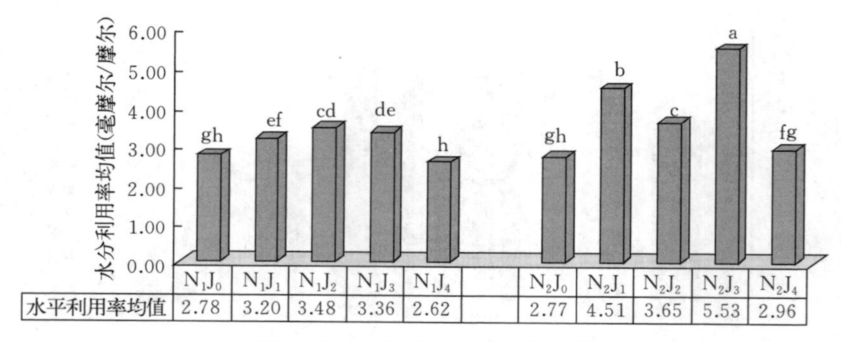

图 3 - 100　旗叶水分利用率均值

注：不同英文小写字母表示处理间差异显著（$P<0.05$）。

（一）小麦灌浆中期光合日变化响应

1. 小麦灌浆期旗叶净光合速率日变化　由图 3 - 101 可以看出，各处理小麦旗叶净光合速率日变化规律均呈现先升高后降低的趋势，除 J_4 处理外，其他各处理表现为双峰曲线，说明存在着光合午休的现象，峰值基本上出现在 10:00 和 14:00 左右。不同施氮量之间比较，施氮更多的 N_2 各处理，旗叶净光合速率高于 N_1 各处理，且第二个峰值较高。这表明秸秆还田下更多的氮供应促进了灌浆期的光合作用，且在一定程度上减轻了光合午休现象。从不同的秸秆还田量看，在 N_1 水平下，不同秸秆还田处理的旗叶净光合速率表现为 $J_2>J_1>J_3>J_0>J_4$，J_2 处理的旗叶净光合速率峰值较高，第一个峰值出现在 11:00 左右，较其他处理晚 1 个小时，且高值持续时间较长，在一定程度上表明该处理光饱和点较高，光合能力强。在 N_2 水平下，不同秸秆还田量处理的旗叶净光合速率表现为 $J_3>J_2>J_1>J_4>J_0$，表明在更多的氮供应时，更多的秸秆还田量会促进光合作用，随着秸秆还田量的增加，也需要更多的氮供应。值得注意的是，J_4 处理在两个氮供应水平均表现为多峰曲线，其中 N_2 水平时曲线波动较小，这可

能是因为 J_4 处理的秸秆还田量较大，试验所用的氮供应不能满足秸秆腐解和作物生长需要，灌浆期光合作用受到一定限制，具体原因需要进一步研究。

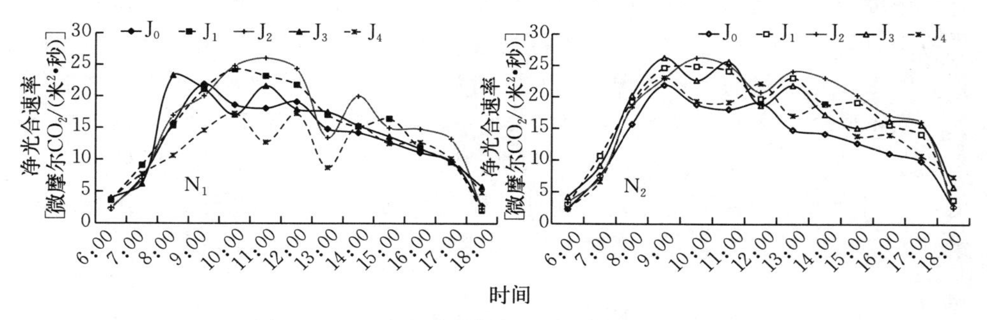

图 3-101　小麦灌浆期旗叶净光合速率日变化

2. 小麦灌浆期旗叶气孔导度日变化　气孔导度是衡量气体通过叶片气孔难易的一个重要指标，气孔导度越大，说明气孔开度大，水分、二氧化碳等可顺利通过气孔进行交换。由图 3-102 可以看出，灌浆期旗叶气孔导度日变化大体上呈现双峰曲线，变化趋势与净光合速率相似。从不同的氮供应看，较多的氮供应条件下旗叶气孔导度较高。这可能是由于无机氮促进了秸秆的腐解，同时外加氮源补充了作物需氮量，保持了旺盛的光合能力，这与前人的研究一致。从不同的秸秆还田量看，在 N_1 水平下，J_2 处理气孔导度峰值最高，持续高值时间也长，接下来为 J_1、J_3、J_0 和 J_4 处理。在 N_2 水平下，不同秸秆还田量区别于 N_1 水平，大体趋势表现为 $N_2J_3 > N_2J_2 > N_2J_1 > N_2J_4 > N_2J_0$，这与净光合速率表现基本一致。$J_4$ 处理的气孔导度也表现为多峰曲线，更多的氮供应也有更高的气孔导度。

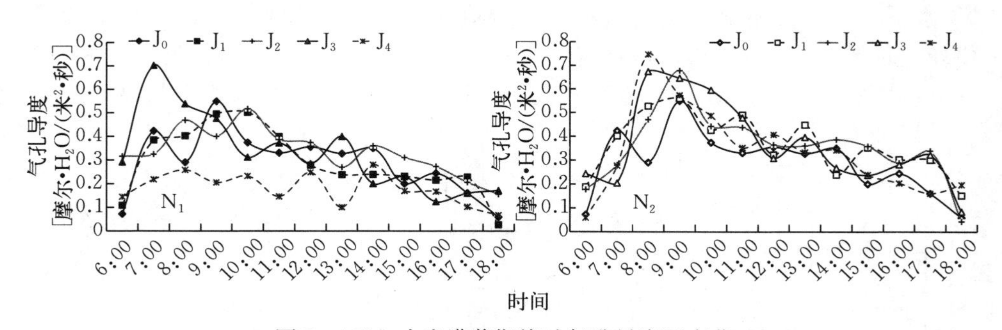

图 3-102　小麦灌浆期旗叶气孔导度日变化

3. 小麦灌浆期旗叶胞间二氧化碳浓度日变化　胞间二氧化碳浓度与光合作用密切相关。由图 3-103 可以看出，二氧化碳浓度日变化与气孔导度和光合速率变化趋势相反，早上光照弱，气孔导度小，小麦光合作用弱，二氧化碳消耗少，胞间二氧化碳浓度较高，随着光照增强，光合同化力增加，胞间二氧化碳浓度减少，至傍晚随光照减弱，胞间二氧化碳浓度又逐渐增加。从不同氮供应来看，施氮量更多的 N_2 水平各处理二氧化碳浓度低于 N_1 水平各处理。这表明更多氮供应的秸秆还田处理对胞间二氧化碳的同化更好，没有过多的积累。从不同秸秆还田量来看，在 N_1 水平下，J_2 处理二氧化碳浓度较低，接下来为 J_1、J_3、J_0 和 J_4 处理；从 N_2 水平秸秆还田量处理来看，以 J_3 处理为最低，表明能更充分利用地二氧化碳进行光合作用，J_0 和 J_4 处理二氧化碳浓度最高，这与其较低的光合速率有关系。

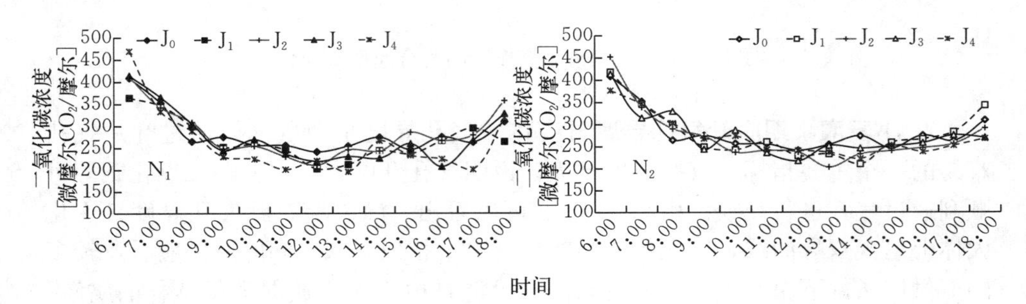

图 3-103　小麦灌浆期旗叶胞间二氧化碳浓度日变化

4. 小麦灌浆期旗叶蒸腾速率日变化　蒸腾速率与光合作用有密切关系，它反映作物调节自身水分损耗能力及适应干旱环境的不同能力。图 3-104 反映了小麦灌浆期旗叶蒸腾速率的日变化规律，可以看出，小麦旗叶蒸腾速率整体显示先升高后降低的变化趋势，除 J_4 处理外，其他处理呈双峰曲线，峰值在 10:00 和 14:00，这与光合速率的变化趋势基本一致。从氮供应水平来看，N_2 水平的各秸秆还田量处理蒸腾速率要高于 N_1 水平各处理，表明更多的氮供应会使灌浆期小麦的蒸腾和光合活动更加旺盛。从不同的秸秆还田量来看，在 N_1 水平下，以 J_2 处理蒸腾速率较高，J_1 和 J_3 处理之间差别不明显，接下

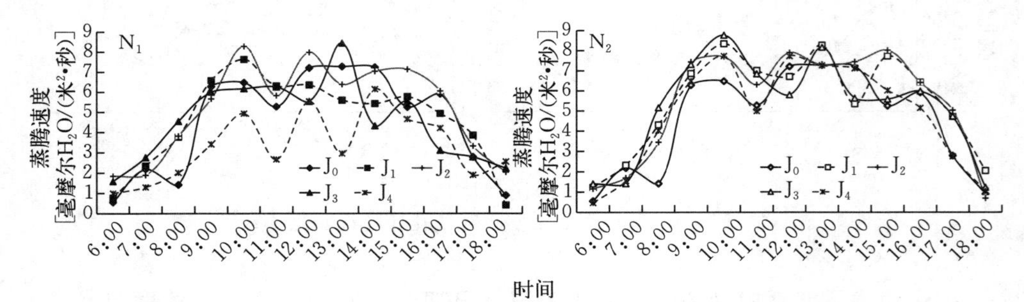

图 3-104　小麦灌浆期旗叶蒸腾速率日变化

来为 J_0 和 J_4 处理；N_2 水平下表现为 J_3 处理的蒸腾速率最高，且高值持续时间更长，接下来为 J_2、J_1、J_4 和 J_0 处理。

5. 小麦灌浆期旗叶饱和蒸汽压亏缺日变化　饱和蒸汽压亏缺与植物叶片蒸腾失水密切相关。由图 3－105 可以看出，旗叶饱和蒸汽压亏缺呈先升后降的趋势。这是由于随着光强和温度的增加，净光合速率和蒸腾速率增大，蒸腾失水逐渐增加，叶面附近的水蒸汽压升高，所以叶内外的蒸汽压亏缺降低，而下午随着光强和温度的降低，饱和蒸汽压亏缺降低。从不同的氮供应水平来看，N_1 水平各处理的饱和蒸汽压亏缺略高于 N_2 水平，这与 N_2 水平蒸腾速率高于 N_1 水平相吻合，说明更多的氮供应能增强叶片的蒸腾，表面蒸腾水气压升高，饱和蒸汽压亏缺降低。从不同的秸秆还田量来看，N_1 水平下各处理表现为 $J_4>J_0>J_3>J_1>J_2$，N_2 水平下表现为 $J_0>J_4>J_1>J_2>J_3$。这种变化趋势与蒸腾速率日变化规律正好相反。

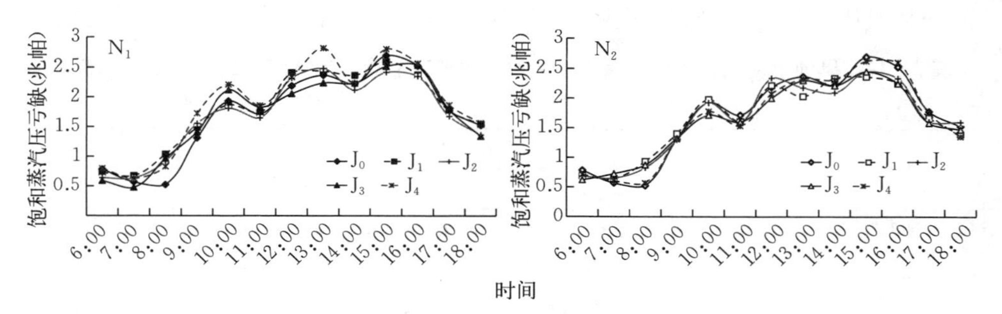

图 3－105　小麦灌浆期旗叶饱和蒸汽压亏缺日变化

6. 小麦灌浆期旗叶水分利用率日变化　由图 3－106 可以看出，小麦叶片水分利用率灌浆期呈多峰曲线，在 8:00 和 17:00 左右波动幅度较大，这可能是由于早上光温的变动，光合还未达到稳定状态，蒸腾较低，叶片水分利用率较高，而晚上由于气温下降快，光强变弱，小麦光合与蒸腾减弱程度不一致，

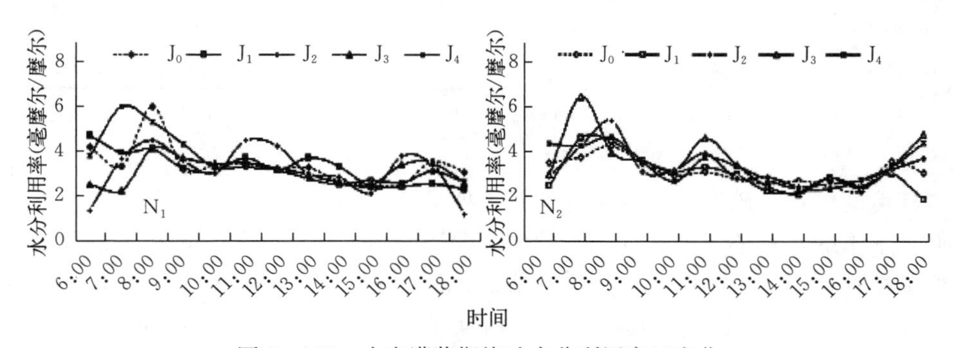

图 3－106　小麦灌浆期旗叶水分利用率日变化

叶片水分利用率变动大。第二个峰值出现在11:00左右，这时光合速率达到第一个峰值，但蒸腾速率峰值出现较晚，所以叶片水分利用率升高。从不同氮水平看，随着供氮量的增加，叶片水分利用率没有明显的变化，表明氮对于灌浆期水分利用率的日变化没有显著影响。在 N_1 水平下，以 J_2 处理的峰值水分利用率最高，其他处理没有明显规律。在 N_2 水平下，各处理差异主要表现在上午，以 J_3 处理的水分利用率高值持续时间长，其次为 J_2 处理。从叶片水分利用率日变化来看，氮肥和秸秆还田量对灌浆期叶片水分利用率日变化有一定的影响，但影响不大。

（二）旱地小麦秸秆还田与氮肥耦合对旗叶硝酸还原酶活性的影响

硝酸还原酶是小麦氮代谢过程中的一个关键酶，是小麦利用 NO_3^- 过程中的第一个还原酶，对整个氮代谢过程起调控作用。由表3-17可以看出，硝酸还原酶活性随着施氮量的增加显著增强，秸秆还田与不还田处理，增施氮肥均能增强氮代谢。前人研究也表明，硝酸还原酶是显著的诱导酶，极易受周围

表3-17 旱地小麦秸秆还田与氮肥耦合对小麦开花后旗叶硝酸还原酶活性变化的影响

单位：微克/(克·时）鲜重

处理	花后天数（天）				
	0	7	14	21	28
N_1J_0	274.28Fg	225.74Ef	212.72GHh	143.76Ef	85.55Ef
N_1J_1	299.16DEe	269.04Dde	243.27Ee	174.62Dd	101.21Dd
N_1J_2	316.37Bc	301.3Bb	275.09 Cc	202.68Cc	137.20Bb
N_1J_3	308.41BCd	286Cc	227.83 Ff	165.31De	93.28De
N_1J_4	277.36Fg	218.71Ef	196.69 Ii	128.94Fg	56.06Gh
N_2J_0	291.18Ef	265.19De	206.95Hh	144.53Ef	95.94Dde
N_2J_1	307.17Cd	285.12Cc	267.35Dd	203.46Cc	114.63Cc
N_2J_2	345.23Ab	334.26Aa	287.64Bb	214.85Bb	133.05Bb
N_2J_3	351.45Aa	338.36Aa	303.35Aa	240.95Aa	172.47Aa
N_2J_4	305.34CDd	272.37Dd	217.75Gg	117.46Gh	74.07Fg

注：不同英文大写字母表示处理间差异极显著（$P<0.01$），不同英文小写字母表示处理间差异显著（$P<0.05$）。

氮环境的影响。硝酸还原酶活性在开花期最高，随着灌浆进程逐渐降低。不同氮水平下的秸秆还田量表现出不同的硝酸还原酶活性变化趋势，在一定范围内增加秸秆还田量，硝酸还原酶活性增加，再增加更多的秸秆量，活性降低。在 N_1 水平下，N_1J_2 处理尤其在灌浆中后期硝酸还原酶活性显著高于其他处理，N_1J_4 处理硝酸还原酶活性最低，尤其在中后期显著低于 J_0 处理。在 N_2 水平

下，表现趋势与 N_1 不同，以 N_2J_3 处理在整个小麦生育期硝酸还原酶活性最高，在灌浆前期与 N_2J_2 处理差异不显著，在灌浆中后期显著高于其他处理，接下来为 N_2J_1、N_2J_0 和 N_2J_4 处理。这表明在不同的秸秆还田量下需要配施不同的氮肥量，这样才能在满足秸秆分解需要的同时供给植物生长需要，氮代谢更加旺盛。

（三）旱地小麦秸秆还田与氮肥耦合对旗叶游离氨基酸含量的影响

游离氨基酸既是蛋白质合成的底物，也是表征作物抗逆性的参数。由图3－107可以看出，花后小麦旗叶游离氨基酸含量呈先升后降的趋势，在花后14天达到最高值，随后逐渐下降。这是由于小麦花后衰老，旗叶中的游离氨基酸上升，达到最高值后，随着蛋白质的快速合成，其底物氨基酸含量因消耗而降低。更多的氮供应量延缓旗叶衰老，游离氨基酸含量低，其同化与合成平衡较好。随着秸秆还田量的增多，旗叶游离氨基酸含量降低，在 N_1 水平下，J_2 处理在灌浆前期和后期氨基酸含量较低，但其峰值较高，其次为 J_1 和 J_3 处理。在 N_2 水平下，灌浆前期表现为秸秆还田处理旗叶游离氨基酸含量较低，灌浆中后期旗叶游离氨基酸含量表现为 $N_2J_3<N_2J_1<N_2J_2<N_2J_4<N_2J_0$。

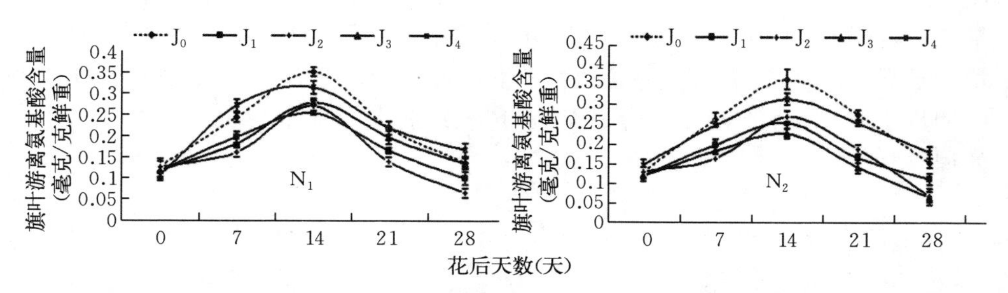

图3－107　旱地小麦秸秆还田与氮肥耦合对旗叶游离氨基酸含量的影响

（四）旱地小麦秸秆还田与氮肥耦合对籽粒游离氨基酸含量的影响

如图3－108所示，籽粒游离氨基酸含量在花后表现为先升后降的变化，在花后14天达到最高值，然后缓慢下降，至成熟期降至最低。随着施氮量的增加，籽粒游离氨基酸含量增加，籽粒中合成蛋白质的底物更充足，有利于小麦灌浆。随着秸秆用量的增多，籽粒游离氨基酸含量有增加的趋势，但达到一定量后再增加秸秆还田量，氨基酸含量下降，N_1 水平下灌浆中前期以 N_1J_1 处理籽粒游离氨基酸含量最高，灌浆中后期以 N_1J_2 处理最高，N_1J_4 处理的籽粒游离氨基酸含量低于不还田的 N_1J_0 处理，但 N_2 水平的 J_4 处理籽粒游离氨基酸含量高于不还田处理，表明过多的秸秆还田量不利于小麦籽粒同化产物合成，但配施不同量的氮肥可以减缓这种负面效应。在整个灌浆期，N_2J_3 处理籽粒游离氨基酸含量最高。

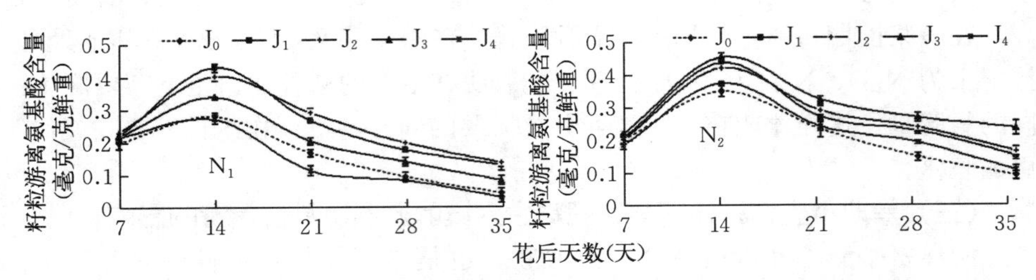

图 3-108 旱地小麦秸秆还田与氮肥耦合对籽粒游离氨基酸含量的影响

(五) 旱地小麦秸秆还田与氮肥耦合对小麦旗叶可溶性蛋白含量的影响

植株叶内的可溶性蛋白含量高低能间接反映代谢活动的强弱，同时也是表征叶片衰老的重要生理指标。旗叶可溶性蛋白自花后逐渐降低。较多施氮量处理的小麦旗叶可溶性蛋白含量较高，表明更多的氮肥能增加小麦旗叶可溶性蛋白含量，延缓叶片衰老，氮代谢更旺盛。随着秸秆还田用量的增加，旗叶可溶性蛋白含量增加，表明秸秆还田在一定程度上能增加小麦旗叶抗衰老能力。由图 3-109 可以看出，在 N_1 水平下，N_1J_1 处理在灌浆前期旗叶可溶性蛋白含量高，后期下降幅度快，低于 N_1J_2 处理，秸秆还田处理旗叶可溶性蛋白含量均高于不还田 N_1J_0 处理。在 N_2 水平下，各处理灌浆前期变化趋势不明显，后期以 N_2J_3 处理下降更为平缓，接下来分别为 N_2J_2、N_2J_1、N_2J_4 和 N_2J_0 处理。

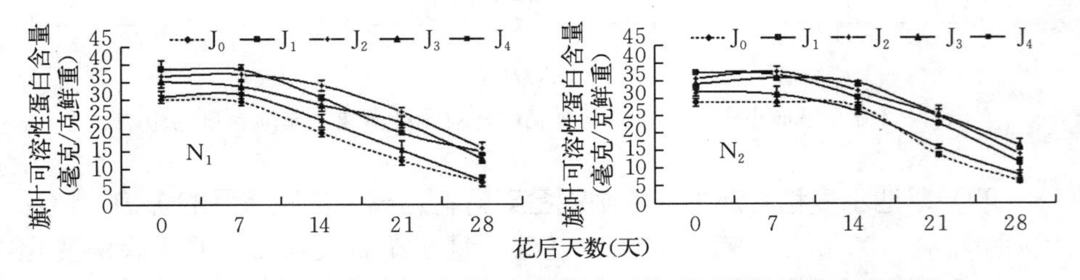

图 3-109 旱地小麦秸秆还田与氮肥耦合对旗叶可溶性蛋白含量的影响

(六) 旱地小麦秸秆还田与氮肥耦合对籽粒可溶性蛋白含量的影响

如图 3-110 所示，籽粒可溶性蛋白含量随着灌浆进程的推进，呈先增加后降低的趋势，在花后 21 天达到最高值。更多的施氮量（N_2）增加了籽粒可溶性蛋白含量。在 N_1 水平下，以 N_2J_2 处理峰值最高，但其下降幅度快，在前期和后期均低于 N_1J_1 处理，N_1J_4 处理在灌浆中后期籽粒可溶性蛋白含量低于不还田的 N_1J_0 处理。在 N_2 水平下，J_4 处理籽粒可溶性蛋白含量始终高于不还田 N_2J_0 处理。N_2 水平下各处理表现趋势与 N_1 水平各处理类似。

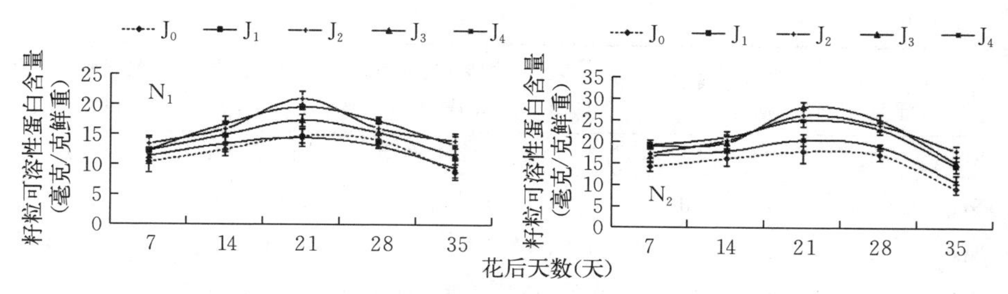

图 3-110　旱地小麦秸秆还田与氮肥耦合对籽粒可溶性蛋白含量的影响

(七) 成熟期氮利用相关指标

在相同秸秆还田量下，随着施氮量的增多，小麦氮转移量增加，由表 3-18 可以看出，N_2J_3 处理氮转移量最大，达到 29.68 毫克/茎，其次为 N_1J_2 处理，较多的氮转移量表示有更多同化氮转移到籽粒中，但从氮转移效率来看，N_2J_3 的转移效率反而低于 N_1J_2，氮供应量越多，氮转移效率有降低的趋势，N_2 水平除 J_3 处理外的其余处理显著低于 N_1 水平各处理。N_1 水平氮转移率表现为随着还田量的增加则氮转移率增加，至 J_2 处理达到最高，再增加还田量则氮转移率下降。N_2 水平随着秸秆还田的增加也呈增加趋势，J_0～J_2 处理氮转移率差别不显著，J_3 处理达到最高，再增加还田量（J_4 处理），氮转移率也降低。转移氮对籽粒氮的贡献率为氮转移量与籽粒氮量的比值，它表示从同化物中转移的氮量在籽粒氮中的比重，转移氮对籽粒氮的贡献率为 56%～70%，除 J_2 处理外，其他处理随着施氮量的增多，贡献率增多。J_2 处理下，表现为施氮量增多，贡献率下降。这可能是由于在 J_2 处理下，配施 N_1 氮量能够兼顾秸秆和植物需要。在 N_2 水平下，氮有节余，作物同化的氮用于作物本身营养生长的比例大，贡献率低。氮收获指数可以反映植物向籽粒的配氮能力，由表 3-18 可以看出，氮收获指数为 75%～81%，秸秆还田增加了小麦的氮收获指数，随着施氮量的增加，氮收获指数显著降低，不同秸秆还田量对氮收获指数也有显著影响，秸秆还田量增多，更多的是降低了氮收获指数。秸秆还田的氮肥偏生产力高于不还田处理，秸秆还田增加了氮肥偏生产力，但随着氮供应增加，氮肥偏生产力下降。随着秸秆还田量的增多，氮肥偏生产力先增加后降低，N_1J_2 和 N_2J_3 两个氮水平处理的氮肥偏生产力最高。

表 3-18　旱地小麦秸秆还田与氮肥耦合对小麦氮利用相关指标的影响

处理	施氮量（千克/公顷）	氮转移量（毫克/茎）	氮转移效率（%）	转移氮对籽粒氮的贡献率（%）	氮收获指数（%）	氮肥偏生产力（千克/千克）
N_1J_0	150	20.45Fg	70.83Bc	57.03FGg	80.20ABab	45.84Cc
N_1J_1	150	23.46De	71.92Bb	63.24Cc	80.98Aa	47.51Bb

（续）

处理	施氮量（千克/公顷）	氮转移量（毫克/茎）	氮转移效率（%）	转移氮对籽粒氮的贡献率（%）	氮收获指数（%）	氮肥偏生产力（千克/千克）
N_1J_2	150	26.62Bb	73.72Aa	69.97Aa	80.04ABab	48.87Aa
N_1J_3	150	24.43CDcd	68.97Cd	56.03Gh	79.87ABbc	46.27Cc
N_1J_4	150	21.48Ef	69.34Cd	59.23Ee	79.24Bbc	34.35Dd
N_2J_0	225	21.50Ef	66.71De	58.11EFf	75.64De	31.13Gg
N_2J_1	225	24.30CDde	66.70De	64.72Bb	75.54De	31.36FGg
N_2J_2	225	25.18Cc	66.83De	64.87Bb	77.52Cd	32.29EFf
N_2J_3	225	29.68Aa	69.44Cd	60.69Dd	78.92Bc	33.10Ee
N_2J_4	225	21.77Ef	64.31Ef	57.62Ffg	75.77De	27.75Hh

注：不同英文大写字母表示处理间差异极显著（$P<0.01$），小写字母表示处理间差异显著（$P<0.05$）。

由表 3－19 可以看出，小麦产量与氮相关指标相关性不显著，氮转移量与其他指标相关性也不显著，表明氮往籽粒中转移多少与产量关系不大，但氮转移效率与氮收获指数和氮肥偏生产力呈极显著正相关。更多的氮转移表示氮效率更高，花前同化氮素能更多地转移到籽粒，避免氮浪费。

表 3－19　氮利用指标相关性分析

相关系数	氮转移量（毫克/茎）	氮转移效率（%）	转移氮对籽粒氮的贡献率（%）	氮收获指数（%）	氮肥偏生产力（千克/千克）	产量（千克/公顷）
氮转移量（毫克/茎）	1					
氮转移效率（%）	0.26	1				
转移氮对籽粒氮的贡献率（%）	0.51	0.41	1			
氮收获指数（%）	0.17	0.87**	0.09	1		
氮肥偏生产力（千克/千克）	0.05	0.87**	0.19	0.86**	1	
产量（千克/公顷）	0.6	0.23	0.41	0.06	0.27	1

注：*表示处理间差异显著（$P<0.05$），**表示处理间差异极显著（$P<0.01$）。

（八）小麦光合特性

单纯增施氮肥和秸秆还田均会较大程度地提高小麦光合能力（吕美蓉等，2008；张定一等，2007；范雪梅等，2005），氮肥与秸秆还田对土壤及产量的影响研究较多，但对作物光合生理研究较少，本研究在旱地不同氮供应和秸秆还田条件下的光合特性结果表明，旱地氮肥和秸秆还田均会显著影响小麦灌浆期光合变化，但影响程度不一。秸秆还田提高了抽穗期以后的叶面积指数，但前期叶面积指数小于不还田处理，这与秸秆还田后小麦出苗率降低、前期群体较小有直接关系，而后期由于秸秆分解土壤水热营养状况发生改善，个体和群体发育同步增长，叶面积指数增加。在一定量的秸秆还田范围内（J_1～J_3）秸秆还田降低了小麦旗叶饱和蒸汽压亏缺，增加了灌浆期旗叶群体光合速率，小麦群体趋于合理，个体与群体协调发展，群体光合较高，但小麦气孔限制值的变化不规律，这在一定程度上说明秸秆还田小麦光合的非气孔限制因素影响较大。秸秆还田下增施氮量能降低小麦旗叶饱和蒸汽压亏缺值，增加小麦水分利用率，说明可用更少的水生产更多的光合产物，这对于缺水的旱地来说具有一定意义。

不同的氮供应下秸秆还田量对小麦旗叶光合影响不同。在低氮（N_1）水平下，J_2 和 J_3 处理的叶面积指数最高，差异不显著，在花期和灌浆中期一定秸秆量内随秸秆用量的增多气孔限制值降低，饱和蒸汽压亏缺呈先降低后增加的趋势，以 J_2 处理最低，小麦水分利用率均值也以 J_2 处理最高，更多的秸秆还田量反而降低了叶片水分利用率。在 N_2 水平下表现不一致，J_3 处理叶面积指数显著高于其他处理，饱和蒸汽压亏缺表现为随着秸秆量增加呈现先降低后升高的趋势，但在灌浆中前期表现为 J_3 处理最低，各处理在灌浆期旗叶水分利用率表现为 $J_3>J_1>J_2>J_4>J_0$，其均值也表现类似的趋势。两种氮水平下均表现为 J_3 处理群体光合最高。同时，秸秆还田量与施氮量的合理配比更能提高水分利用率，表明随着秸秆还田量增多要配施更多的氮素。

无论哪种氮水平，秸秆还田量进一步增加到 J_4 处理，叶面积指数前期小于不还田处理，中后期高于不还田处理，但低于其他秸秆还田量。这可能是过多的秸秆还田量影响了小麦的分蘖和生长，个体和群体发育受限。虽然 J_4 处理叶面积指数在中后期高于 J_0 处理，但旗叶光合速率值在整个灌浆期低于 J_0 处理，但减少幅度随着施氮量的增加而变小，水分利用率也较低。

叶片光合日变化是作物光合结构和环境因子在一天内的动态作用结果，反映了作物光合特性在一天内的不同变化特征，前人对小麦旗叶光合日变化研究大多认为具有双峰曲线，双峰的低谷可能存在光合午休现象，这种午休现象会部分地导致小麦产量降低，影响午休主要有气孔因素和非气孔因素，这种午休的程度与环境栽培因子有密切关系（赵海波等，2010；张永平等，2011；王焘等，1997）。本研究表明，旱地小麦秸秆还田与氮肥耦合显著影响小麦灌浆期的光合日变化，小麦灌浆期旗叶光合存在着光合午休现象，除 J_4 处理外，净光合速率、气孔导度和蒸腾速率均表现为双峰曲线，相同秸秆还田下更多氮供应（N_2）旗叶气孔导度较高，水和二氧化碳等进出通畅，二氧化碳浓度和饱和蒸汽压亏缺较低，有利于二氧化碳的同化，净光合速率较高。这可能是在一定范围内秸秆还田配施更多的无机氮，能加快秸秆的腐解速度，在满足秸秆腐解所需无机氮源的同时，补充供给小麦生长需要，促进了灌浆期小麦植株光合能力。而小麦的水分利用率日变化呈多峰曲线，在早晨和晚上由于光温变动较大，水分利用率波动幅度较大，与不还田相比，秸秆还田在中午前后水分利用率明显增加。从不同氮水平来看，随着供氮量的增加，叶片水分利用率没有明显的变化，表明施氮对于灌浆期水分利用率的日变化没有显著影响。

不同的秸秆还田量对于小麦旗叶光合日变化有不同的影响。在 N_1 水平下，以 J_2 处理（6 000 千克/公顷）的气孔导度、蒸腾速率较高，有利于二氧化碳同化，二氧化碳浓度较低，净光合速率峰值较高，且持续高值时间长，一定程度上表明该处理光饱和点较高，光合能力强，再增加秸秆还田量（J_3 和 J_4 处理）净光合速率下降，J_4 处理的净光合速率低于 J_0 处理。光合能力随着秸秆量的增加呈先增加后降低的趋势，总的表现为 $N_1J_2>N_1J_1>N_1J_3>N_1J_0>N_1J_4$。在更高氮供应的 N_2 水平下，以 J_3 处理（9 000 千克/公顷）的净光合速率、气孔导度、蒸腾速率日变化最高，不同秸秆还田量处理的旗叶净光合速率表现为 $N_2J_3>N_2J_2>N_2J_1>N_2J_4>N_2J_0$，表明在更高的施氮量下，可以应用更多量的秸秆。其中，J_4 处理在不同氮供应时净光合速率、气孔导度、二氧化碳浓度等光合指标均表现为多峰曲线，但 N_2 水平下变化更为平缓。这可能是由于秸秆还田量过大，氮供应不能满足需要，植株生长受到限制。具体原因还需要进一步研究，但 J_4 处理配施更多氮肥则净光合速率有升高的趋势。从水分利用率来看，N_1 水平下以 J_2 处理的峰值水分利用率最高，其他处理没有明显规律；N_2 水平下各秸秆还田量处理差异主要表现在上午，以 J_3 处理的水分利用率高值持续时间长，其次为 J_2 处理。从叶片水分利用率日变化来看，氮肥和秸秆还田量对灌浆期叶片水分利用率日变化有一定的影响，但影响不大。对比光合动态与日变化可以看出，在灌浆中期 N_1J_2 光合日变化高于其他处理，这与光合动态的灌浆中期净光合速率相吻合，但光合动态中灌浆前期和后期均低于 N_1J_3 处理，N_1J_2 灌浆中期光合日变化反而高于 N_1J_3 的原因可能是因为相同氮量下 J_2 处理秸秆分解快，在灌浆中期对于植株的促进作用达到峰值，土壤水热资源适宜，再加上灌浆中前期胞间二氧化碳浓度较高，底物充足，光合速率升高。

（九）小麦氮代谢相关指标

氮肥和秸秆还田分别对小麦氮代谢有显著的影响。一般认为，施氮肥和秸秆还田均能增强作物氮代谢，提高硝酸还原酶活性（赵伟等，2012；朱利群等，2012；李贵桐等，2002）。本研究结果表明，相较于不还田处理，秸秆还田处理增加了旗叶硝酸还原酶活性，有利于氮素的吸收和利用，旗叶和籽粒可溶性蛋白含量升高，促进了氮代谢。在相同秸秆还田量下，随着氮供应增加，旗叶硝酸还原酶活性显著增强，增强对硝态氮的转化吸收能力。随着氮供应增加，旗叶游离氨基酸含量降低，籽粒游离氨基酸含量升高。这表明氮增加了旗叶抗衰老性，同时游离氨基酸也能快速转移。旗叶和籽粒可溶性蛋白含量增加，表明在相同旱地秸秆还田条件下，更多的施氮量延缓了小麦衰老，同时促进了氮代谢。不同氮水平下的氮代谢活性表现不同，总体表现为在一定范围内增加秸秆还田量，小麦氮代谢增强，但再增加秸秆还田量反而有负面效应。

在较低供氮量（N_1）下，随着秸秆还田量增加，小麦旗叶硝酸还原酶活性增加，至 N_1J_2 处理最高，再增加还田量，硝酸还原酶活性开始降低，到 N_1J_4 处理硝酸还原酶活性最低，尤其在中后期显著低于 J_0 处理。这表明在低氮条件下更多的秸秆还田量不利于氮的吸收转化。对 N_1 水平下游离氨基酸和可溶性蛋白的比较可以看出，在灌浆中前期，N_1J_1 处理籽粒游离氨基酸和可溶性蛋白含量、旗叶可溶性蛋白含量较高，但后期下降较快，在中后期低于 N_1J_2 处理。这可能是由于 J_1 还田量较少，在 N_1 水平下分解较快，造成小麦生育后期氮素等营养跟不上，氮代谢受限。从各处理来看，N_1J_2 处理的氮代谢旺盛。在更高氮供应水平（N_2）下表现出不同的变化趋势，在 J_0～J_3 处理范围内随着秸秆还田量的增多，硝酸还原酶活性增强，旗叶和籽粒可溶性蛋白含量与籽粒游离氨基酸含量增加，旗叶游离氨基酸含量降低，表明一定范围内更多的秸秆量可增强作物的氮代谢，延缓衰老。在两种氮水平的 J_4 处理下均表现为降低了氮代谢能力。不同氮量下秸秆还田处理表现出不同的氮代谢活性，这主要是由于氮与秸秆的互作效应，更多的秸秆量需要更多的氮肥配施，这样才能充分发挥秸秆还田增强作物生理活性的能力。

氮和秸秆均能增加小麦氮转移量，但更多的施氮量反而降低了氮转移效率和氮收获指数、氮肥偏生产力，这与前人（赵鹏等，2009；徐国伟等，2008；李勇等，2010；徐国伟等，2007）的研究结果不一致。这可能是由于旱地氮肥的增多，一部分应用于秸秆分解的微生物利用上，一部分用于植物生长，还有一部分淋溶，植物吸收的氮素来源于外施氮肥和本身释放的氮素，氮素增多在前期营养生长上利用较多，转移效率和氮收获指数低。这与某些研究（梁斌等，2012；单鹤翔等，2012）一致，他们认为，氮肥配施玉米秸秆使得氮肥回收率下降 9.6％～15.7％，土壤残留率增加 12.2％～16.4％，秸秆与尿素配施降低了当季小麦对施入氮素的吸收利用，小麦收获时，土壤有 79％～88％施入的氮素未被吸收利用。这可能是导致氮收获指数降低的一个原因。在同一氮素水平下，不同秸秆量处理表现不同的氮效率，在氮供应量低水平（N_1）下，随着秸秆还田量的增多，氮转移量、氮转移效率、转移氮对籽粒氮的贡献率、氮肥偏生产力等指标均表现为 J_2 处理最高，但 J_0～J_2 处理氮收获指数差异不显著，再增加秸秆量则相关指标有下降的趋势。可见，在 N_1 水平下 J_2 处理可以促进氮的转移和合成，氮利用较好。增加供氮量（N_2），随着秸秆量增加，也呈现出各项氮利用指标增加的趋势，更多秸秆量的 J_4 处理指标下降。从相关性分析，氮往籽粒中转移多少与产量关系不大，但氮转移效率与氮收获指数和氮肥偏生产力呈极显著正相关，虽然氮相关指标与产量关系不密切，但更多的氮转移表示氮效率更高，花前同化氮素能更多地转移到籽粒，避免氮浪费。这一方面说明旱地秸秆还田促进了氮的转移和利用，另一方面说明旱地需要平衡秸秆还田施氮与产出的关系。

五、旱地小麦秸秆还田与氮肥耦合对小麦衰老特性的影响

（一）旱地小麦秸秆还田与氮肥耦合对小麦旗叶叶绿素含量的影响

小麦衰老过程会伴随着叶绿素的分解，叶绿素含量能在一定程度上表征着小麦衰老的强弱。由表 3-20 可以看出，小麦旗叶叶绿素含量在花后呈先增加后降低的趋势，花后 0～14 天旗叶叶绿素含量逐渐增加，从 21 天开始到灌浆结束一直下降。除 J_4 处理外的秸秆还田处理增加了旗叶叶绿素含量，J_4 处理叶绿素含量低于 J_0 处理（花后 35 天趋势相反，这可能是此时期 J_0 处理的小麦旗叶衰老过快造成的），可能是由于秸秆量过大，分解较少，土壤水热资源不合理，旗叶衰老快。在同一秸秆水平下，叶绿素含量始终是 N_2 水平 $>$ N_1 水平，表明氮肥可促进旗叶叶绿素含量增加，增加氮肥用量能促进小麦生长，减缓旗叶叶绿素分解和小麦旗叶衰老。在各个时期中，同氮水平下不同秸秆还田量处理的表现不一致，N_1 水平下大体趋势表现为 $J_2>J_3>J_1>J_0>J_4$，N_2 水平下表现为 $J_3>J_2>J_1>J_0>J_4$，说明适量增加秸秆还田量能增加旗叶叶绿素含量，延缓衰老，但过多的秸秆还田会起负效应。但同时也可以看出，在更多的氮供应下，可以容纳相对更多的秸秆还田量。随着秸秆还田量的增多，需要增加氮供应。

表 3-20　旱地小麦秸秆还田与氮肥耦合对小麦旗叶叶绿素含量的影响

单位：毫克/分米²

处理	花后天数（天）					
	0	7	14	21	28	35
N_1J_0	5.14d	6.11c	7.06bcd	5.78c	4.55de	2.68d
N_1J_1	6.09bc	7.14a	7.16bc	6.32bc	5.22cd	3.44cd
N_1J_2	6.46abc	6.98ab	7.74ab	7.61a	6.07ab	4.21ab

（续）

处理	花后天数（天）					
	0	7	14	21	28	35
N_1J_3	6.08bc	7.04ab	7.63ab	7.02ab	5.69bc	3.75bc
N_1J_4	5.11d	5.36d	6.35d	5.77c	4.17e	3.20cd
N_2J_0	6.04c	6.53bc	7.23abc	6.43bc	5.13cd	3.26cd
N_2J_1	6.65ab	7.06ab	7.61ab	6.93ab	5.60bc	3.84bc
N_2J_2	6.84a	7.28a	7.73ab	7.21a	6.32ab	4.34ab
N_2J_3	6.33abc	7.14a	7.96a	7.29a	6.60a	4.69a
N_2J_4	5.05d	6.14c	6.74cd	6.05c	4.73de	3.60bc

注：不同英文小写字母表示处理间差异显著（$P<0.05$）。

（二）旱地小麦秸秆还田与氮肥耦合对小麦旗叶相对含水量的影响

叶片相对含水量能反映植物体内水分亏缺的程度，表征植物水分状况和作为小麦抗旱性大小的指示指标。由表 3－21 可以看出，对不同处理的旗叶相对含水量测定可以看出，花后小麦旗叶相对含水量一直呈下降变化趋势，在 0～14 天下降缓慢，之后快速下降。氮肥用量显著影响小麦旗叶相对含水量，较多氮供应（N_2）在相同秸秆量下叶片相对含水量高，且下降缓慢，至花后 28 天，旗叶仍有较高的含水量，表明氮肥可促进作物生长，有利于减缓叶片水分亏缺状况。秸秆还田可通过改变土壤的水热状况和地表微环境而影响着作物的需水。在 N_1 水平下，以 J_2 处理叶片相对含水量最高，再高或低的秸秆还田量处理旗叶相对含水量均降低，但均高于不还田处理。这可能是由于秸秆还田后随着养分的释放和土壤性质的改变，虽然灌浆前期群体较小，但个体发育良好，抗旱性强。更多的氮供应 N_2 水平表现为灌浆前期以 J_2 处理的旗叶相对含水量最高，灌浆中后期以 J_3 处理的旗叶相对含水量高，其次为 J_1、J_4 处理，但均高于不还田处理，后期 J_4 处理与 J_0 处理差异不显著。

表 3－21　旱地小麦秸秆还田与氮肥耦合对小麦旗叶相对含水量的影响

单位：平均值（%）

处理	花后天数（天）				
	0	7	14	21	28
N_1J_0	89.22g	83.73d	75.09h	69.63h	57.13h
N_1J_1	93.87cd	85.58d	81.80e	72.05g	66.35e
N_1J_2	94.94b	91.54a	86.63bc	80.28c	77.48b
N_1J_3	90.81f	88.39bc	85.73d	76.55e	73.85c
N_1J_4	94.70e	88.59bc	86.94b	73.08f	58.99g

（续）

处理	花后天数（天）				
	0	7	14	21	28
N_2J_0	91.88e	85.30d	79.66g	73.01f	64.03f
N_2J_1	92.55e	86.21cd	82.21e	78.93d	72.26d
N_2J_2	95.16b	91.50a	86.05cd	81.90b	77.98ab
N_2J_3	93.60d	90.40ab	88.11a	84.13a	78.45a
N_2J_4	96.19a	89.30ab	80.90f	73.47f	63.59f

注：不同小写字母表示处理间差异显著（$P<0.05$）。

（三）旱地小麦秸秆还田与氮肥耦合对小麦旗叶丙二醛含量的影响

由表3-22可以看出，小麦花后旗叶丙二醛含量呈先略微降低后快速升高的变化，到花后14天降低，可能是由于随着小麦花后的衰老，旗叶内的抗氧化酶活性开始增强，丙二醛含量降低。在相同秸秆还田量下，随着氮肥用量的增多，小麦旗叶丙二醛含量降低，更多的氮供应能延缓小麦后期衰老进程。相同施氮量下，不同秸秆还田量显著影响小麦旗叶丙二醛含量，在N_1水平下，在整个小麦灌浆期N_1J_2处理旗叶丙二醛含量显著低于其他处理，其次为N_1J_1和N_1J_3处理，J_1～J_3处理旗叶丙二醛含量低于J_0处理，但J_4处理显著高于J_0处理，J_4处理对小麦后期生长有负面影响，未分解秸秆多，土壤水热环境差，旗叶衰老加快。N_2水平与N_1水平有较大的差别，以J_3处理最低，其次为J_2和J_1处理，N_2J_4处理变化与N_1J_4处理变化相似。

表3-22　旱地小麦秸秆还田与氮肥耦合对小麦旗叶丙二醛含量的影响

单位：毫摩尔/克鲜重

处理	花后天数（天）				
	0	7	14	21	28
N_1J_0	18.83c	26.74b	26.50b	31.59c	46.84b
N_1J_1	17.32d	24.05de	21.02d	28.39e	41.56f
N_1J_2	13.04f	22.37f	19.34e	24.51h	42.55e
N_1J_3	19.53c	24.58cd	22.85c	30.53d	44.54d
N_1J_4	23.50a	30.34a	29.56a	38.54a	49.68a
N_2J_0	17.54d	24.92c	20.28d	30.32d	45.34c
N_2J_1	18.82c	20.84g	17.32f	24.25h	40.08g
N_2J_2	17.50d	19.32h	19.47e	27.37f	42.23ef
N_2J_3	16.23e	23.39e	18.72e	25.66g	37.12h
N_2J_4	20.84b	25.25c	23.35c	33.33b	47.73b

注：不同英文小写字母表示处理间差异显著（$P<0.05$）。

（四）旱地小麦秸秆还田与氮肥耦合对小麦旗叶过氧化氢酶活性的影响

由表 3-23 可以看出，大部分处理表现为随着花后灌浆进程过氧化氢酶活性呈现先略微升高后一直降低的趋势，尤其是 N_2 水平下这种趋势更加明显。这可能是由于花后进入衰老进程时，体内发生应激反应，清除膜脂过氧化产物的酶活性短暂增强，后随着生育进程过氧化氢酶活性减弱，在更多的施氮量下，这种应激能力越强，尤其在灌浆中后期旗叶过氧化氢酶活性表现为 $N_2>N_1$。随着秸秆用量的增加，不同氮水平表现不同的变化趋势，N_1 水平下以 N_1J_2 处理过氧化氢酶活性最高，其次为 N_1J_3 和 N_1J_1，N_1J_4 处理旗叶过氧化氢酶活性最低，低于对照。这可能是由于太多的秸秆还田量，再加上氮肥用量少，秸秆分解慢，影响了植株生长。N_2 水平下随着秸秆还田量增加过氧化氢酶活性先升后降，在 N_2J_3 处理时达到最大，再增加秸秆还田量则旗叶过氧化氢酶活性反而降低，尤其在灌浆中后期，旗叶过氧化氢酶活性显著低于对照。在这两种氮水平下，J_4 处理的旗叶过氧化氢酶活性均低于 J_0 处理，表明这两种氮水平的配施均不能有效满足 J_4 处理秸秆的分解与植物的需求，但再增加氮肥用量，因土壤中微生物数量、水热资源等环境因素的限制，秸秆能不能分解完全，还需要进一步研究。

表 3-23　旱地小麦秸秆还田与氮肥耦合对小麦旗叶过氧化氢酶活性的影响

单位：微摩尔 H_2O_2/克鲜重

处理	花后天数（天）				
	0	7	14	21	28
N_1J_0	473.15cd	486.37e	426.06c	308.85gh	143.37f
N_1J_1	498.53b	500.54cd	454.65b	327.37e	165.85e
N_1J_2	527.17a	491.77de	477.02a	374.96b	224.75b
N_1J_3	467.74d	481.63e	465.05ab	360.38c	223.38b
N_1J_4	497.47b	443.37f	409.14d	261.86i	112.86g
N_2J_0	497.07b	505.64c	388.64e	313.93fg	179.70d
N_2J_1	480.47c	531.13b	429.37c	342.31d	208.54c
N_2J_2	464.96d	533.41b	453.64b	322.84ef	235.63b
N_2J_3	531.48a	556.21a	467.75a	396.76a	277.33a
N_2J_4	445.36e	494.16cde	364.43f	300.47h	198.70c

注：不同小写字母表示处理间差异显著（$P<0.05$）。

(五)旱地小麦秸秆还田与氮肥耦合对小麦旗叶超氧化物歧化酶活性的影响

由表 3-24 可以看出,小麦旗叶超氧化物歧化酶活性变化与过氧化氢酶活性变化趋势基本一致,在花后均呈先上升后下降的趋势,在花后 7 天达到最高值。氮肥用量对小麦旗叶超氧化物歧化酶活性有显著影响,增施氮量能增加旗叶超氧化物歧化酶活性,增强旗叶清除氧自由基的能力,在一定程度上延缓小麦灌浆期衰老进程,小麦的抗旱能力也相应增强。随着施氮量的增加,旗叶超氧化物歧化酶活性均呈先升后降的趋势,但不同施氮量其超氧化物歧化酶活性高值不一样,峰值分别出现在 N_1J_2 和 N_2J_3 处理。这也表明更多的秸秆还田量需要更多的氮供应量,才能满足植物生长需要。

表 3-24 旱地小麦秸秆还田与氮肥耦合对小麦旗叶超氧化物歧化酶活性的影响

单位:单位/克鲜重

处理	花后天数(天)				
	0	7	14	21	28
N_1J_0	292.27g	306.12g	272.44g	210.46e	106.05f
N_1J_1	302.85f	415.04b	312.74f	235.84d	122.26e
N_1J_2	318.93e	364.25de	338.76d	286.36b	168.85cd
N_1J_3	320.14e	356.99e	327.04e	269.21c	192.53b
N_1J_4	320.46e	315.50f	259.26h	174.16f	73.12g
N_2J_0	360.76c	408.24b	346.73d	266.36c	161.27d
N_2J_1	366.14c	386.75c	368.27b	285.87b	170.63c
N_2J_2	377.26b	408.35d	358.24c	292.37b	208.53a
N_2J_3	400.93a	436.61a	388.74a	326.36a	212.42a
N_2J_4	340.53d	370.06d	321.05ef	260.11c	130.85e

注:不同英文小写字母表示处理间差异显著($P<0.05$)。

(六)旱地小麦秸秆还田与氮肥耦合对小麦旗叶游离脯氨酸含量的影响

脯氨酸是细胞渗透调节物质,对于小麦的抗旱性具有重要的表征作用,若受到逆境胁迫,小麦旗叶游离脯氨酸含量会迅速增加。由表 3-25 可以看出,小麦旗叶脯氨酸含量自开花后一直上升,至花后 21 天达到最高后又开始下降。更多的氮肥量能减轻旗叶脯氨酸的累积,减少逆境的损害。随着秸秆还田量的增加,旗叶游离脯氨酸含量先降低后升高,尤其是灌浆中后期更为明显。不同施氮量下不同处理的表现不同,在 N_1 水平下总体表现为 $J_2<J_1<J_3<J_0<J_4$,而在 N_2 水平下总体表现为 $J_3<J_1<J_2<J_0<J_4$,两种氮水平下 J_4 处理的旗叶脯氨酸含量均最高,表明在此还田量下,小麦尤其是灌浆中后期抗逆性减弱,衰老加快,不利于小麦灌浆。

表 3-25　旱地小麦秸秆还田与氮肥耦合对小麦旗叶游离脯氨酸含量的影响

单位：微克/克

处理	花后天数（天）				
	0	7	14	21	28
N_1J_0	460.43a	473.95c	690.36c	766.85b	442.87c
N_1J_1	386.54c	446.37d	608.38e	661.13e	356.46e
N_1J_2	280.47f	386.96f	511.94g	655.18ef	322.26f
N_1J_3	340.07d	406.36e	573.75f	698.37d	398.75d
N_1J_4	428.33b	503.75b	758.05a	791.44a	473.49b
N_2J_0	325.74e	458.86d	632.88d	723.95c	401.65d
N_2J_1	231.25g	336.57h	464.22h	580.23g	242.13h
N_2J_2	287.04f	363.60g	500.37g	643.37f	311.15f
N_2J_3	174.37h	295.37i	412.86i	556.95h	295.23g
N_2J_4	440.99b	540.30a	720.66b	715.87c	529.37a

注：不同英文小写字母表示处理间差异显著（$P<0.05$）。

（七）灌浆期小麦衰老相关指标与产量性状相关性分析

对灌浆期小麦衰老指标与产量性状进行了相关性分析，由表 3-26 可以看出，在灌浆前期仅与叶绿素含量、丙二醛含量和游离脯氨酸含量相关性显著，灌浆中期与叶绿素含量、丙二醛含量、游离脯氨酸含量和超氧化物歧化酶活性相关性显著，而灌浆末期的衰老指标与产量均呈显著性相关，这可能是由于随着灌浆进程推进，小麦衰老逐渐加剧，与衰老相关的酶等因子激活并参与生理活动，影响着叶片光合活性、籽粒灌浆强度等，进而表现出与产量的显著相关性。衰老影响产量因子最为显著的表现为千粒重和穗粒数的变化。从相关性可以看出，小麦千粒重和穗粒数变化与产量的相关性变化趋势基本一致，灌浆中后期的衰老性状更能反映出粒重和粒充实数的增减。而亩穗数与衰老相关指标基本没有显著的相关关系，但与丙二醛含量在灌浆中前期显著相关，丙二醛为膜脂过氧化产物，直接反映着小麦过氧化程度，这说明旱地越大的群体小麦衰老程度越快，可能是由于群体过大，群体内部争水、肥和光、热矛盾越突出，影响个体发育。

表 3-26　灌浆期衰老相关指标与产量性状相关性分析

项　目		叶绿素含量	相对含水量	丙二醛含量	过氧化氢酶含量	超氧化物歧化酶含量	游离脯氨酸含量
灌浆前期	亩穗数	0.42	−0.36	−0.77**	0.18	0.1	−0.33
	穗粒数	0.73*	−0.48	−0.68*	0.21	0.22	−0.54
	千粒重	0.57	0.61*	−0.55	0.2	0.52	−0.64*
	产量	0.75**	−0.22	−0.86**	0.28	0.33	−0.64*

（续）

项目		叶绿素含量	相对含水量	丙二醛含量	过氧化氢酶含量	超氧化物歧化酶含量	游离脯氨酸含量
灌浆中期	亩穗数	0.4200	−0.4300	−0.65*	0.2300	0.4600	−0.4500
	穗粒数	0.77**	−0.0700	−0.64*	0.65*	0.5700	−0.72*
	千粒重	0.3900	0.5900	−0.70*	0.3900	0.74**	−0.67*
	产量	0.73*	−0.0100	−0.83**	0.5900	0.73*	−0.79**
灌浆末期	亩穗数	0.62*	0.26	−0.47	0.32	0.43	−0.48
	穗粒数	0.79**	0.55	−0.74**	0.6	0.69*	−0.66*
	千粒重	0.35	0.84**	−0.63*	0.85**	0.69*	−0.46
	产量	0.80**	0.67*	−0.80**	0.72*	0.77**	−0.71*

注：*表示处理间差异显著（$P<0.05$），**表示处理间差异极显著（$P<0.01$）。

根据源库理论，小麦粒重的形成绝大多数来自花后光合产物，所以灌浆期旗叶衰老与光合产物合成与转化有着密切的关系（靳奇峰等，2003）。从本研究的相关性分析来看（表3-26），小麦衰老性状与产量、穗粒数和千粒重尤其在灌浆中后期显著相关，而亩穗数仅与灌浆中前期丙二醛含量密切相关。这一方面说明灌浆期的衰老直接关系着小麦粒重及粒充实数的增减，另一方面说明旱地越大的小麦群体会提前进入衰老进程，但中后期穗数与衰老指标相关不显著。从本研究可以看出，旱地小麦在后期衰老过程中表现为旗叶叶绿素含量在整个灌浆期先升后降，花后14天左右达到峰值。叶绿素的降解是小麦衰老的一个重要表观现象，这表明小麦旗叶的衰老并不是从开花后开始的，可能花后先经过生理活动旺盛然后逐渐衰老的过程。这与丙二醛含量的变化趋势相吻合，丙二醛的变化趋势是先略微降低后快速升高，在花后14天有低值，然后快速增多。这是否说明旱地小麦在花后14天左右有个衰老的转折点，从花后14天至成熟期是一直伴随着衰老进程加快的？从小麦衰老过程的关键酶活性来看，超氧化物歧化酶和过氧化氢酶活性均表现为在花后有一个先略微升高后降低的变化，在花后7天左右有略微的升高，这表明小麦在花后7天左右就有一个衰老的过程，抗氧化酶活性升高，但这种缓慢的衰老还不足以降低小麦叶绿素光合作用等生理活动。到14天时，随着自由基清除酶活性的降低，叶绿素分解加快，丙二醛含量上升。脯氨酸含量表现为21天左右达到峰值，然后下降，这可能是由于随着衰老进程，作为细胞渗透调节物质的脯氨酸迅速上升，后期由于物质合成降低了其含量。旱地秸秆还田延缓了小麦衰老，对衰老的应激更加快速，在小麦花后开始衰老的过程中，超氧化物歧化酶等酶活性迅速增强，膜脂过氧化在灌浆中前期一直下降，这一方面可能是秸秆还田增加了土壤水分，小麦群体及个体发育良好；另一方面是旱地小麦特有的生理机能和结构，对衰老应激快速，最大限度地延缓旱地小麦的衰老进程，保证灌浆和粒重增加。

已有大量的研究表明，施肥会显著影响小麦衰老进程，适当增加氮肥会延缓小麦衰老，但过量氮肥不利于小麦灌浆（赵长星等，2008；李春燕等，2009）。一般研究认为，全量秸秆还田能明显减缓小麦叶绿素的降解，相关酶活性下降缓慢，延缓了灌浆期衰老（高茂盛等，2007；李国清等，2012），而对于不同秸秆量下的衰老研究较少。本研究认为，在一定的秸秆还田量范围内（J_1～J_3 处理），秸秆还田延缓了小麦的衰老进程，表现为旗叶叶绿素含量较高，叶绿素分解变缓，丙二醛和脯氨酸含量降低，超氧化物歧化酶和过氧化氢酶活性增加，抗氧化能力增加，但 J_4 处理小麦旗叶叶绿素下降加快，酶活性低于 J_0 处理，丙二醛含量增加，表明其衰老快于 J_0 处理。这可能是由于更多的秸秆返还至麦田，氮肥不足以满足分解和植物的需要，过多的秸秆需要更多的氮素和水热资源进行分解和利用，造成后期土壤水热环境差，满足不了作物正常需要，衰老加快。更多的氮供应明显减缓了旗叶的衰老，在更多氮的 N_2 水平下，旗叶叶绿素含量增加，旗叶相对含水量较高，清除氧自由基的超氧化物歧化酶和过氧化氢酶活性增强，细胞渗透物质游离脯氨酸和膜脂过氧化产物丙二醛含量降低。这表明旱地秸秆还田情况下更多的施氮量促进着作物的生长，减缓水分亏缺，延缓着小麦衰老进程。

对不同秸秆还田量下小麦衰老的分析可以看出，秸秆还田量显著影响着小麦衰老程度和过程。在相同氮供应下表现为随着秸秆用量增多，小麦衰老变慢，但过多的秸秆还田量则加速小麦衰老，但不同的氮供应量下小麦衰老表现不同。在低氮（N_1）水平下，以 J_2 处理旗叶叶绿素含量和相对含水量高，超氧化物歧化酶和过氧化氢酶清除氧自由基能力强，细胞渗透调节物质和膜脂过氧化产物丙二醛含量低，表明在此组合下小麦施氮量在旱地维持植物生长和供给微生物分解达到一个平衡，土壤环境良好，植株衰老慢。J_3 处理衰老加快但高于 J_0 处理，当秸秆还田量达到 J_4 处理时，旗叶衰老速度高于 J_0 处理，引起植株早衰，影响粒重增加，这可能是因为施入的氮量少，秸秆分解和小麦生长对氮素有竞争矛盾，再加上秸秆分解变慢后引起土壤水热状况不良，而小麦灌浆期是需要水分和营养元素大量的时期，所以此负面效应加快了小麦衰老。在更高氮供应（N_2）条件下，由于氮素增加，小麦衰老变缓，随着秸秆还田量的不同，小麦衰老速度基本表现为 $J_3 < J_1 < J_2 < J_0 < J_4$，与 N_1 水平不同，以 J_3 处理衰老最慢。这可以说明更多的氮供应可容纳更多的秸秆还田量，增加秸秆还田量时需配施更多的氮肥。

六、旱地小麦秸秆还田与氮肥耦合对小麦产量性状的影响

（一）小麦亩基本苗数变化

小麦基本苗数与产量有正相关关系。由图 3－111 可以看出，不同的氮供

应量对小麦出苗没有显著的影响，但秸秆还田量对小麦出苗有明显的影响。随着秸秆还田量的增加，小麦出苗率及苗数显著降低，在 N_1 水平下，J_1、J_2、J_3 和 J_4 处理出苗率分别较不还田处理降低了 2.75%、10.29%、11.43%和 18.29%；在 N_2 水平下，J_1、J_2、J_3 和 J_4 处理出苗率分别较不还田处理降低了 2.86%、8.24%、9.72%和 18.57%。J_1 处理在两个氮水平下均表现为与不还田处理差异不显著，但显著高于其他还田处理。这是由于旱地趁墒播种，一是由于水分含量较低，二是由于秸秆旋耕还田后土壤不够紧实，小麦播种后与土壤接触少，漏空比较多，小麦出苗率低，苗数少。所以，旱地秸秆还田后要多增加小麦播种量，以弥补由于秸秆还田造成的基本苗数不足。

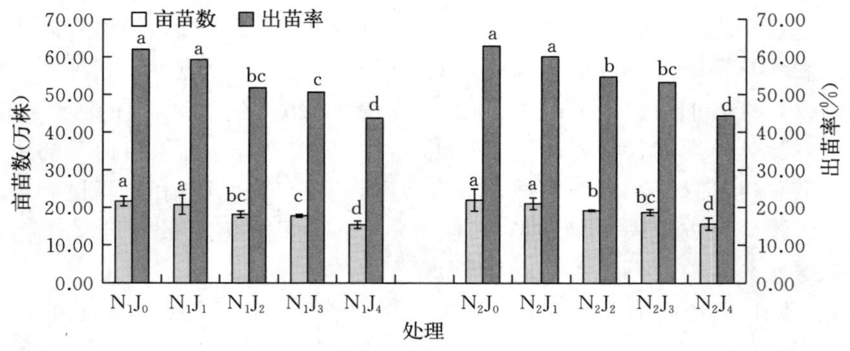

图 3-111　小麦亩苗数及出苗率

注：不同英文小写字母表示处理间差异显著（$P<0.05$）。

（二）小麦生育期土壤水分含量

图 3-112 显示了小麦生育期土壤水分含量变化。在小麦各个生育时期，含水量均随着土壤深度增加土层含水量增加。秸秆还田在小麦不同生育时期提高

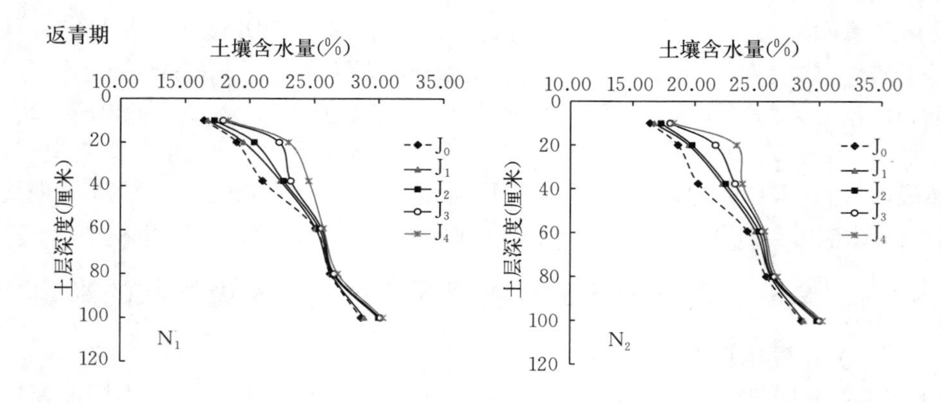

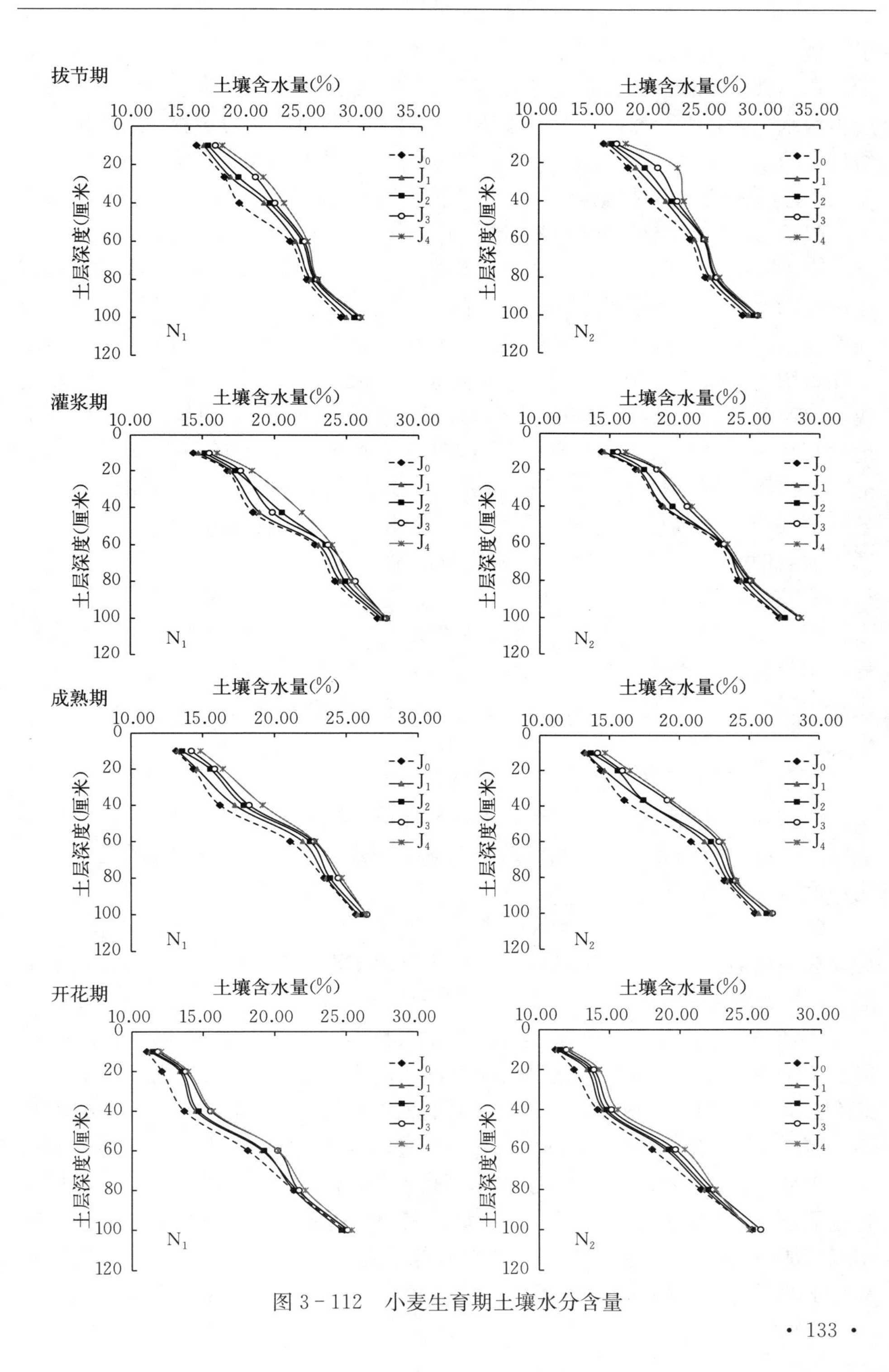

图 3-112　小麦生育期土壤水分含量

了土壤水分含量，尤其提高了20～40厘米土层土壤含水量，对下层土壤含水量影响不大。在相同秸秆量下施更多氮肥提高了花前上层土壤水分含量，对花后土壤水分含量变化影响较小。在不同氮肥水平下均表现为随着秸秆还田量的增加，上层土壤水分含量增加，至J_4处理土壤含水量最高。秸秆还田对0～80厘米土层水分含量有一定的影响，但不同生育时期的影响不同。

（三）小麦耗水量及耗水模系数

由表3-27可以看出，秸秆还田可降低整个小麦生育时期的耗水量，秸秆还田处理总耗水量小于J_0处理。这可能是由于秸秆还田能平抑地温，降低棵间蒸发，改善了土壤及下层田间气候，耗水量减少。随着氮肥用量增多，小麦总耗水增加，这是由于氮肥增多，小麦营养生长旺盛，再加上秸秆分解速度更快，消耗更多的水分。随着秸秆用量增多，小麦总耗水量有降低的趋势。旱地秸秆还田小麦主要的耗水集中在起身到成熟期，耗水模系数达到60%以上，越冬至起身期耗水量和日耗水最低。在播种至越冬期、越冬期至起身期各处理没有明显的耗水规律，起身期至开花期的耗水表现为秸秆还田明显降低了这段时期耗水量，且随着秸秆用量的增多，耗水减少。这可能是由于秸秆还田改善了土壤的水热状况，增加了土壤蓄持水量，再加上群体较小，耗水较低。但在开花与成熟期表现趋势相反，开花与成熟期小麦耗水表现为秸秆还田处理高于不还田处理。这可能是由于这段时间正是小麦灌浆和产量形成的关键时期，小麦的同化与合成活动旺盛，水分消耗大，有利于小麦产量形成。

（四）产量及产量性状

由表3-28可以看出，旱地小麦秸秆还田与氮肥耦合对小麦产量及产量构成因素均有一定的影响。在相同的氮供应下，公顷穗数表现随着秸秆还田量的增加而显著减少，J_4处理在N_1和N_2水平下公顷穗数较不还田处理分别减少12.19%和7.93%。这是因为秸秆的介入影响了小麦出苗率和分蘖成穗，造成后期公顷穗数减少，更多的供氮量增加了公顷穗数。千粒重表现为氮供应更多的N_2水平各处理略高于N_1水平各处理，差异不显著。在N_1水平下，千粒重表现为随着秸秆还田量的增加呈现先增加又降低的趋势，以J_2处理最高；N_2供氮水平下，在J_0～J_3处理范围内随着秸秆量的增多而千粒重增加，J_4处理反而降低了小麦千粒重。在N_1水平下秸秆还田处理穗粒数降低，除了J_4处理差别不显著，在N_2水平下表现为随着秸秆还田量增加穗数粒增加，到J_3处理达到极显著水平。氮肥对小麦穗粒数的影响不明显。从最终产量水平来看，在相同秸秆量下，更多的氮供应增加了小麦产量；在一定的秸秆还田量范围内，秸秆还田能增加小麦产量，但过量秸秆还田会降低小麦产量。在N_1水平下，产量随着秸秆量的增加产量先增加后降低，以J_2处理的产量最高。在N_2水平下，表现为

表 3-27 小麦田间耗水量、日耗水量、耗水模系数的比较

麦田	总耗水量（毫米）	播种至越冬 50 日			越冬至起身 120 日			起身至开花 45 日			开花至成熟 35 日		
		耗水量（毫米）	日耗水量（毫米）	耗水模系数（%）	耗水量（毫米）	日耗水量（毫米）	耗水模系数（%）	耗水量（毫米）	日耗水量（毫米）	耗水模系数（%）	耗水量（毫米）	日耗水量（毫米）	耗水模系数（%）
N_1J_0	410.66Bb	73.96	1.48	18.01	58.64	0.49	14.28	162.42	3.61	39.55	115.64	3.30	28.16
N_1J_1	408.95Bb	71.76	1.44	17.55	57.33	0.48	14.02	156.43	3.48	38.25	123.43	3.53	30.18
N_1J_2	397.74Cc	72.40	1.45	18.20	59.55	0.50	14.97	137.26	3.05	34.51	128.53	3.67	32.32
N_1J_3	375.95Dd	71.73	1.43	19.08	56.53	0.47	15.04	132.85	2.95	35.34	114.84	3.28	30.55
N_1J_4	370.05De	72.09	1.44	19.48	50.86	0.42	13.74	126.74	2.82	34.25	120.36	3.44	32.53
N_2J_0	426.63Aa	75.12	1.50	17.61	56.23	0.47	13.18	185.64	4.13	43.51	109.64	3.13	25.70
N_2J_1	411.49Bb	75.66	1.51	18.39	56.34	0.47	13.69	158.74	3.53	38.58	120.75	3.45	29.34
N_2J_2	396.56Cc	72.75	1.46	18.35	55.71	0.46	14.05	149.76	3.33	37.76	118.34	3.38	29.84
N_2J_3	369.57De	70.44	1.41	19.06	57.84	0.48	15.65	120.44	2.68	32.59	120.85	3.45	32.70
N_2J_4	370.15De	75.33	1.51	20.35	52.64	0.44	14.22	128.71	2.86	34.77	113.47	3.24	30.66

注：不同英文大写字母表示差异极显著（$P<0.01$），不同英文小写字母表示差异显著（$P<0.05$）。

除 J_4 处理外随着秸秆量增加产量增加，J_3 处理产量显著高于其他处理。经济系数表现为随着氮供应量增多而增大，秸秆还田处理的经济系数高于不还田处理，在一定范围内，随着秸秆用量增多经济系数增加，在不同的氮水平下均为 J_3 处理的经济系数最高。适量的秸秆还田提高了小麦水分利用率，但过量秸秆还田（J_4 处理）小麦水分利用率反而降低。随着施氮量的增加，J_3 和 J_4 处理的小麦水分利用效率增加，其他处理有所降低。在 N_1 水平下，J_1～J_3 处理间的水分利用率差异不显著，但显著高于 J_4 和 J_0 处理；在 N_2 水平下，随着秸秆用量增多，水分利用率升高，过量的秸秆还田（J_4 处理）降低了水分利用率。

表 3-28　小麦产量及产量构成因素

处理	公顷穗数（$\times10^4$）	穗粒数（粒/穗）	千粒重（克）	产量（千克/公顷）	经济系数	水分利用率 千克/（公顷·毫米）
N_1J_0	641.11Bb	33.09ABabc	38.12De	6 875.99Fg	0.31Gg	16.74Ccd
N_1J_1	633.02Cc	33.01ABabc	40.12BCc	7 125.95Cd	0.35Ee	17.42BCc
N_1J_2	643.11Bb	32.15Bc	41.71Aa	7 330.36Bb	0.36Ee	18.43Bb
N_1J_3	610.04Ee	33.28ABab	40.22BCc	6 940.69EFf	0.44Bb	18.46Bb
N_1J_4	562.99Fg	27.95De	38.52Dde	5 152.14Hi	0.27Hh	13.92De
N_2J_0	655.05Aa	32.15Bc	39.13CDd	7 004.61DEe	0.33Ff	16.42Cd
N_2J_1	631.93Cc	32.43Bbc	40.5ABCbc	7 054.88CDe	0.38Dd	17.14Ccd
N_2J_2	630.04Cc	33.06ABabc	41.03ABabc	7 264.26Bc	0.41Cc	18.32Bb
N_2J_3	621.48Dd	33.88Aa	41.61Aa	7 447.10Aa	0.47Aa	20.15Ab
N_2J_4	603.12Ef	29.56Cd	41.2ABab	6 243.45Gh	0.33Ff	16.87Ccd

注：不同英文小写字母表示处理间差异显著（$P<0.05$），不同英文大写字母表示处理间差异极显著（$P<0.01$）。

（五）裂区分析及相关性分析

从产量的裂区分析可以看出（表 3-29），氮肥、秸秆还田以及氮肥与秸秆的互作均与产量极显著相关。这表明不同的氮供应量以及不同的秸秆还田量均会显著影响小麦产量，而秸秆还田配施氮肥后同样能显著影响小麦产量，且显示很强的互作效应。从相关性分析可以看出（表 3-30），产量与公顷穗数和穗粒数、水分利用效率呈极显著正相关，表明在旱地提高小麦产量，必须要在充分用水的基础上，提高小麦穗数和穗粒数，而旱地小麦耗水总量与基本苗数和公顷穗数极显著正相关，所以提高产量要找到公顷穗数与耗水量与水分利用效率的平衡点。旱地秸秆还田要在合理耗水的基础上提高小麦公顷穗数与穗粒数，这是高产关键，同时要采取多种方式确保合理的基本苗数。

表 3－29　小麦产量裂区分析

变异来源	自由度	均方	*F* 值	*P* 值	显著性
氮肥	1	1 724 967.380	168 618.512	0.000 1	**
秸秆	4	5 872 484.050	178 143.002	0.000 1	**
氮肥×秸秆	4	832 004.530	25 239.027	0.000 1	**

注：*表示处理间差异极显著（$P<0.01$），**表示处理间差异显著（$P<0.05$）。

表 3－30　小麦产量及产量性状相关性分析

相关系数	公顷穗数（$\times10^4$）	穗粒数（粒）	千粒重（克）	产量（千克/公顷）	经济系数	水分利用率［千克/(公顷·毫米)］	总耗水量（毫米）	基本苗数（万株）
公顷穗数（$\times10^4$）	1.00							
穗粒数（粒）	0.73*	1.00						
千粒重（克）	0.13	0.25	1.00					
产量（千克/公顷）	0.84**	0.93**	0.49	1.00				
经济系数	0.23	0.72*	0.66*	0.70*	1.00			
水分利用效率［千克/(公顷·毫米)］	0.47	0.80**	0.73*	0.85**	0.91**	1.00		
总耗水量（毫米）	0.80**	0.39	−0.34	0.430 0	−0.24	−0.10	1.00	
基本苗数（万株）	0.84**	0.68*	−0.30	0.62*	0.07	0.17	0.90**	1.00

注：*表示处理间差异极显著（$P<0.01$），**表示处理间差异显著（$P<0.05$）。

旱地小麦秸秆还田与氮肥耦合量会显著影响小麦产量，秸秆还田配施氮肥能显著提高后茬夏玉米、水稻和小麦等粮食作物的产量，并能改善小麦部分品质性状，对产量的影响主要在于秸秆还田后对土壤理化性状的改变（张学年，2010；王建明等，2010；赵锋等，2011；张静等，2010；周海燕等，2011）。本研究认为，秸秆还田显著降低了小麦出苗率及苗数，在相同氮水平下，随着秸秆还田量增加，出苗率下降，在 N_1 和 N_2 水平下，不同秸秆还田量出苗率分别降低 2.75%～18.29%、2.86%～18.57%，氮肥对出苗率的影响不明显。这可能是由于秸秆还田是影响出苗率的主因素。通过相关性分析可知（图 3－113），基本苗数与公顷穗数和产量呈显著正

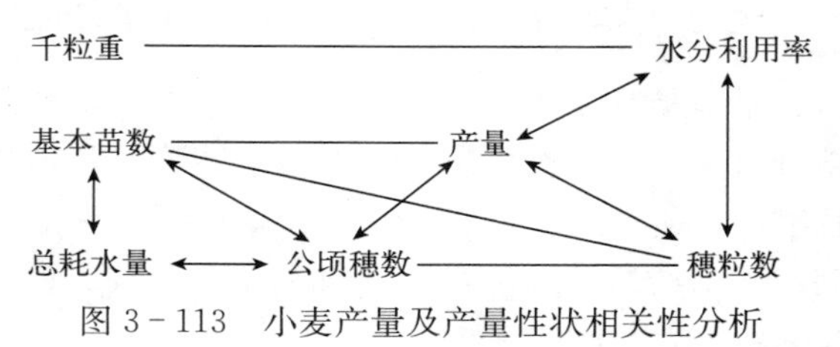

图 3－113　小麦产量及产量性状相关性分析

相关。所以，秸秆还田的麦田需要通过多增加播量、镇压等手段增加出苗数。

保护性耕作能显著提高土壤储水量及水分利用率，前人在不同土壤条件下（甘肃黄绵土、山西壤土、河北栗钙土、陕西黄土等）的试验结果均已证明。而保护性耕作提高土壤水分含量的主要原因：一是延缓了径流，提高了降水保储量；二是增加了稳定入渗率，苏子友等（2004）研究表明，保护性耕作下降水稳定入渗率是传统耕作的 1.22～6.67 倍，干旱年份更高；三是保护性耕作对土壤理化性状的改善，尤其在旱地保护了墒情，降低了土壤蒸发量。旱地秸秆还田增加了表层 20～40 厘米土层的土壤含水量，且随着秸秆还田量的增加，土壤含水量增加幅度变大，氮肥增施对土壤含水量的影响较小。秸秆还田降低了旱地小麦总耗水量，这可能是由于秸秆还田能平抑地温，降低棵间蒸发，改善土壤及下层田间气候，耗水量减少。随着氮肥用量增多，小麦总耗水增加，这是由于氮肥增多，小麦营养生长旺盛，再加上秸秆分解速度更快，消耗更多的水分。随着秸秆用量增多，小麦总耗水有降低的趋势，J_3 和 J_4 处理差异不显著。这与免耕保护性耕作的研究不一致，前人大部分认为，免耕并不改变作物总耗水量，而是降低了土壤表面的蒸发损失，提高了作物对水分的利用率，进而对产量有一定的提高。

在相同的氮供应下，公顷穗数表现随着秸秆还田量的增加而显著减少，J_4 处理在 N_1 和 N_2 水平下公顷穗数较不还田处理分别减少 12.19％和 7.93％。这是由于秸秆的介入，小麦出苗数降低，群体变小，但更多的供氮量增加了公顷穗数。随着施氮量增多，千粒重略微增加，差异不显著，在 N_1 水平下 J_2 处理千粒重最高，而在 N_2 水平下 J_3 处理达到峰值，过多的秸秆还田降低了小麦光合作用，影响了小麦灌浆。氮肥和秸秆还田对穗粒数影响不明显，但在 N_2 水平下 J_1～J_3 处理对穗粒数有不同程度的增加。在相同秸秆量下，更多的氮供应增加了小麦产量和经济系数；在一定的秸秆还田量范围内，秸秆还田能增加小麦产量和经济系数，但过量秸秆则会有负效应。在 N_1 水平下 J_2 处理的产量最高，但水分利用效率与 J_1 和 J_3 处理差异不显著，但高于 J_4 和 J_0 处理，经济系数以 J_3 处理最高；在 N_2 水平下以 J_3 处理产量、经济系数、水分利用效率最高。

七、旱地小麦秸秆还田与氮肥耦合对小麦影响分析

旱地秸秆还田改善了土壤的理化性状，增氮对改善效果有正效应。氮肥与秸秆对土壤理化性状影响互作效应明显。旱地秸秆还田降低了土壤容重，增加孔隙度，土壤呼吸明显加快，土壤中纤维素酶、脲酶、碱性磷酸酶、过氧化氢酶和蛋白酶活性增加，不同氮供应下随着秸秆还田量增加，对土壤理化性状的改善效果先增加后降低。

氮量与秸秆量对小麦光合特性互作效应显著。旱地秸秆还田更多地促进了抽穗后的叶面积指数，同时增加了小麦群体光合速率。秸秆还田量与氮量的合理配比有利于提高叶水分利用效率，有利于小麦氮代谢。旱地秸秆还田降低了当季小麦对施氮的吸收，但能促进氮素在植株内的转移和利用。氮和秸秆均能增加小麦氮转移量，但更多的施氮量（225 千克/公顷）和过多的秸秆量（12 000 千克/公顷）降低了氮转移效率、氮收获指数和氮肥偏生产力。

氮量与秸秆还田均显著延缓着旱地小麦的衰老进程，对衰老的应激更加快速，且存在显著的互作效应。相同氮供应下随着秸秆还田量的增多，小麦旗叶衰老变缓，但过多的秸秆量则加速了小麦衰老，在不同氮供应下表现不同的趋势。

产量与公顷穗数、穗粒数和水分利用效率呈极显著正相关，旱地秸秆还田小麦产量提高的关键是在保证苗数和合理耗水的基础上提高小麦公顷穗数与穗粒数，若秸秆还田量增多，要适当增加氮供应量。旱地秸秆还田显著降低了小麦出苗率及公顷穗数，适量秸秆还田增加了土壤表层 20～40 厘米含水量，降低了小麦总耗水量，经济系数和水分利用率升高，增施氮肥对产量的正效应增加。

在本研究条件下，以每公顷秸秆量 6 000 千克配施氮肥 150 千克和每公顷秸秆量 9 000 千克配施氮肥 225 千克为宜。

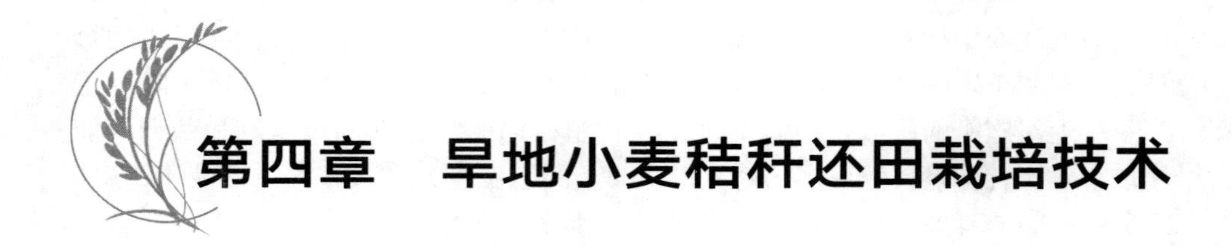

第四章　旱地小麦秸秆还田栽培技术

第一节　旱地小麦高产原理

一、旱地小麦的耗水量及耗水来源

旱地小麦的耗水量一般在 300～400 毫米。小麦生育期间冬前耗水占 18.7%～22.9%，主要是土壤蒸发耗水；孕穗至成熟期耗水占 50%以上，主要是蒸腾耗水。

旱地小麦耗水来源为土壤储水和自然降水。1 米厚的土层储存水量，沙土为 180～210 毫米，壤土为 270～360 毫米，黏土为 330～390 毫米。土壤有效储水量，沙土为 130～160 毫米，壤土为 190～200 毫米，黏土为 150～170 毫米。土层厚度从 1 米增加到 2.5 米，土壤储水量由 234.7 毫米增加到 543 毫米，所以土层厚度是旱地小麦高产的关键。研究结果表明，一般土壤水的利用率为 47.5%～53.6%。上层土壤水的利用率高于下层，下层为 60%～70%，上层为 40%左右，增施有机肥培肥地力可以增加土壤储水量，并提高土壤水的利用率。土壤供水一般占总耗水量的 47.4%～50.6%。这表明增加播种前土壤储水量是提高旱地小麦产量的重要环节。

二、旱地小麦高产的生育特点

旱地小麦一个最重要的特点是在大群体（亩穗数在 50 万以上）的基础上，穗粒数仍然较多，即亩穗数与穗粒数可在更大的亩穗数范围内同步增长，一般亩穗数在一定范围内（50 万～60 万），穗粒数随亩穗数的增加而增多，当亩穗数达到高限时，穗粒数不再增加或增加很小。

旱地小麦生长表现株型好，叶片较小，植株清秀，生育后期中下部叶片维持青绿的时间长，有利于保持后期较大的叶面积指数，促进光合物质的生产。

旱地小麦群体分蘖高峰期出现在返青期，起身拔节期分蘖迅速下降，有利于大蘖壮秆大穗，避免拔节后群体过大，田间郁闭，光照不良，易倒伏，穗头变小的缺点。

旱地小麦熟相好，有利于光合物质向籽粒运转分配，进而提高经济系数，一般旱地高产小麦经济系数在 0.5 左右。

三、旱地小麦高产的生理特点

对于旱地小麦，可使最适叶面积指数增大，最大叶面积指数高达 6 以上，平均为 5.6，挑旗期为 5～6，提高小麦群体光合速率。灌浆期叶面积指数保持在 4 以上，促进光合物质的生产。

旱地小麦根系生长通常相对高于地上部分生长，即保持较高的根冠比，这一特征具有明显的生产力价值。旱地小麦分布在深层的根系比例大，小麦生育后期上层土壤干燥缺水，但透气性好，而下层土壤含水量相对较高，这样能够维持小麦生育后期深层根系的活性，保证地上部对水分和矿质养分的需求，上层土壤的根系又能产生植物激素脱落酸信号，调节地上部叶片气孔的开闭和光合产物的运转分配，因而节水和高产。另外，植株体内激素的平衡能够导致同化产物的最优化集中运转，引起补偿与超补偿反应。

四、旱地小麦高产特点

栽培技术的进步可使旱地小麦水分利用效率大幅度提高，使旱地麦田用有限的水分创造出更高的产量，已有旱地高产麦田每毫米有效水分的产量已达 1.5 千克左右。在小麦一生中可供小麦利用的水分达 300 毫米，其中小麦生育期间有效降水 200 毫米，秋种前土壤积蓄夏季水分 100～150 毫米，可获得亩产 400 千克上的高产量。水量少不是小麦产量不高的主要限制因素，更重要的原因是水分利用效率低。

旱地小麦所利用的水分可通过人为措施加以调节，旱地小麦可利用的水分包括小麦生长期降水和播种前土壤蓄水两个来源。生长期降水难以人为控制，但土壤蓄水却可采取农业措施加以调节。

土壤中分布在不同深度的水分，依靠深层发育根系吸收利用。小麦根系在一定程度上不定型或相对无限生长的习性为通过生物措施和生产措施促进根系在更广阔的领域向纵深发展、开发调运深层土壤水分提供了现实可行性。

水分利用效率与土壤肥力呈正相关且差异显著，土壤瘠薄是水分利用效率低、旱地小麦产量不高最直接、最重要的障碍因素。已有实践证明，旱地小麦由低产变高产的过程均与通过增施肥料迅速提高土壤肥力相伴随。

旱地小麦可表现出一些有利于高产的重要生育特点，在旱地生态条件下，小麦生长表现为株型小、生长期适中、下部叶片易在更长的时间内维持青绿、每亩穗数与每穗粒数可在更大的穗数范围内同步增长、粒重稳定等。

根据这些基本原理，旱地小麦增产的关键是提高有限水分的利用效率。通过增施肥料迅速培肥地力，采用抗旱耕作措施增加播种前的土壤蓄水量，同时利用抗旱高产品种，培育壮苗，控制冬前群体，充分利用土壤养分和水分条件，并使旱地小麦一些重要生育特点充分表现出来是旱地小麦高产的基本途径。

第二节　旱地小麦保护性耕作技术

保护性耕作技术是在能够保证种子发芽的前提下，通过少耕、免耕、化学除草技术措施的应用，尽可能保持作物残茬覆盖地表，减少土壤水蚀、风蚀，实现农业可持续发展的一项农业耕作技术。目前主要应用于干旱、半干旱地区农作物生产及牧草的种植。实施保护性耕作技术必须坚持因地制宜，注重经济效益、社会效益和生态效益相结合，坚持农机与农艺相结合，坚持试验示范与辐射推广相结合，积极引导保护性耕作技术的推广应用。

一、保护性耕作主要内容

保护性耕作技术有利于旱区保水保土、增产增收和保护环境。主要内容是用秸秆残茬保护土地、减少耕作、免耕播种、化学除草。其主要作业是地表作物残茬处理、合理深松、免耕施肥播种、用化学药剂进行杂草控制和病虫害综合防治。保护性耕作主要包括4项技术内容。一是改变铧式犁翻耕土壤的传统耕作方式，实行免耕或少耕。免耕就是除播种之外不进行任何耕作。少耕包括深松与表土耕作，深松即疏松深层土壤，基本上不破坏土壤结构和地面植被，可提高天然降水入渗率，增加土壤含水量。二是将30%以上的作物秸秆、残茬覆盖地表，在培肥地力的同时，用秸秆盖土、根茬固土，保护土壤，减少风蚀、水蚀和水分无效蒸发，提高天然降水利用率。三是采用免耕播种，在有残茬覆盖的地表实现开沟、播种、施肥、施药、覆土镇压复式作业，简化工序，减少机械进地次数，降低成本。四是改翻耕控制杂草为喷洒除草剂或机械表土作业控制杂草。

二、秸秆还田与病虫草害防治

玉米秸秆粉碎还田覆盖是旱地小麦耕作的重要内容，如秸秆量过大或地表不平时，粉碎还田后可以用圆盘耙进行表土作业；春季地温太低时，可采用浅松作业。还田方式可采用联合收割机自带粉碎装置和秸秆粉碎机作业两种。玉米秸秆粉碎还田机具作业要求以达到免耕播种作业要求为准。

防治病虫草害是保护性耕作技术的重要环节之一。为了使覆盖田块农作物生长过程中免受病虫草害的影响，保证农作物正常生长，目前主要用化学药品防治病虫草害的发生，也可结合浅松和耙地等作业进行机械除草。一是病虫草害防治的要求。为了能充分发挥化学药品的有效作用并尽量防止可能产生的危害，必须做到使用高效、低毒、低残留化学药品，使用先进可靠的施药机具，采用安全合理的施药方法。二是化学除草剂的选择和使用。除草剂的剂型主要有乳剂、颗粒剂和微粒剂，施用化学除草剂的时间可在播种前或播后出苗前，也可在出苗后作物生长的初期和后期。除草剂在播前或出苗前施入土壤中，早期控制杂草。播前施用除草剂通常是将除草剂混入土中，施除草剂和松土混合可联合作业。也可在施药后用松土部件进行松土混合。播后出苗前施除草剂，一般是与播种作业结合进行，施除草剂的装置位于播种机之后将除草剂施于土壤表面。作物出苗后在其生长过程中，可将除草剂喷洒在杂草上，苗期的杂草也可以结合间苗，人工拔除。三是病虫害的防治。主要是依靠化学药品防治病、虫、鸟、兽和霜冻对植物的危害。包括对作业田块病虫害情况做好预测、对种子要进行包衣或拌药处理、根据苗期作物生长情况进行。

三、深松耕作方式

保护性耕作主要依靠深松疏松土壤，打破犁底层，增强降水入渗速度和数量；作业后耕层土壤不乱，动土量小，减少了由于翻耕后裸露的土壤水分蒸发损失。深松方式可选用局部深松或全方位深松。局部深松是选用单柱式深松机，根据不同作物、不同土壤条件进行相应的深松作业。主要技术要求：宽行作物（玉米）深松间隔最好与当地玉米种植行距相同；深松深度为 23～30 厘米；深松时间是在播前或苗期进行，苗期作业应尽早进行，玉米不应晚于 5 叶期；密植作物（小麦）也可以局部深松，但为了保证密植作物株深均匀，应在松后进行耙地等表土作业，或采用带翼深松机进行下层间隔深松，表层全面深松，密植作物（小麦）深松间隔 40～60 厘米；深松深度 23～30 厘米。全面深松是选用倒 V 型全方位深松机根据不同作物、不同土壤条件进行相应的深松作业。主要技术要求：深松深度为 35～50 厘米；深松时间是在播前秸秆处理后作业；作业过程中深松一致，不得有重复或漏松现象；天气过于干旱时，可进行造墒，一般 2～4 年深松 1 次。

第三节　旱地小麦秸秆还田栽培技术

一、改善施肥技术

旱地一般土壤干旱，养分少，土壤结构不良，旱地缺水常与土壤瘠薄相伴随，增施肥料可以改善土壤结构、以肥调水、增强小麦对水分的利用能力，提高自然降水利用率。因此，在施肥上不仅要满足当季增产需要，还要施足肥料培肥地力。

（一）有机肥与无机肥配合施用

有机肥养分全面、肥效长，对土壤具有很好的改善作用，可增强土壤保水供肥能力。旱地麦田仅靠施用有机肥难以在短期内获得高效，有机肥肥效慢，因此应适当配施无机肥，无机和有机相互促进，达到长期培肥地力与短期效益相平衡。

（二）氮磷钾肥配合施用，合理确定用量

旱地大多氮磷钾营养养分失调，一般低产麦田既缺氮也缺磷钾，单施氮肥或磷钾肥营养比例失调，不能充分发挥肥效。氮磷钾配合施用可保持营养平衡，互相促进，显著提高肥效。旱地小麦施肥必须氮磷配合，并加大磷肥的比重，氮磷比一般以1∶1为宜。贫钾地区施钾肥有突出的增产效果，要配合施用钾肥。

旱地肥料施用量应因地制宜，但要掌握原则：所施用的肥料除满足当季增产需要外，应使土壤养分有所积累。在开始开发旱地低产麦田时，必须多施些肥料，除有机肥外，土层厚度达1米以上的地，每亩施碳铵和过磷酸钙各50～75千克，既可使当季获较高产量，又使经济效益较高。需施钾时，可每亩施钾肥10～15千克。

（三）采用集中底施为主的施肥方法

大部分旱地因缺少灌溉条件而影响追肥效果，应集中大部分肥料底施。包括有机肥、大部分氮肥、磷肥、钾肥等在耕地时作底肥1次翻入，施肥深度一般控制在30厘米左右。一些土层深厚肥沃的旱肥地或出现脱水脱肥现象时，应根据墒情或随降水追施氮肥。在小麦开花期，可叶面喷施氮磷肥，促进籽粒灌浆。

二、耕作与播种技术

旱地小麦对于播种前土壤耕作的要求更高于传统麦田，可采用少耕、深耕、深松的耕作措施蓄水保墒，同时在小麦生育期间适时划锄镇压、覆盖，以充分利用有限的水资源。

（一）玉米秸秆粉碎还田

粉碎还田作业一般要在玉米收获完后立即进行：一是此时秸秆脆性大，粉碎效果较好；二是秸秆风化后易于养分的释放。

可用锤爪式秸秆粉碎机或甩刀式秸秆粉碎机粉碎抛撒秸秆，也可用配备秸秆粉碎功能的联合收割机一次完成收获、秸秆粉碎，这样能节省一次秸秆粉碎还田的费用。秸秆如有其他用途，覆盖量应不低于秸秆总量的30%。秸秆切段长度要小于10厘米，粉碎合格率≥90%，覆盖率以35%～40%为宜，抛洒不均匀率低于20%。

（二）土壤深松

深松的主要作用是疏松土壤，打破犁底层，增强降水入渗速度和数量；作

业后耕层土壤不乱，动土量少，减少水分蒸发。

秸秆粉碎后，根据土壤紧实状况可进行局部深松或全面深松，2～3 年进行一次。土壤含水量为 15%～22%时适合深松作业，过高则机器容易下陷，且深松效果差。

深松时间应根据降水状况而定，一般是在秸秆粉碎后即进行深松作业。但如果雨量较大，播前深松即可。但是，保护性耕作对小麦播种出苗有一定影响，由于秸秆阻力、地表不平整，影响播种质量。在播种前，可进行适当的表土作业，采用圆盘耙作业或是旋耕作业，使秸秆能混入土中，为播种创造良好的种床。但在土壤墒情差时，不提倡进行旋耕，可采用缺口圆盘耙、弹齿耙等进行表土作业，对深层土壤的破坏较小。

（三）秸秆还田保墒

建立土壤水库，增加土壤库容，蓄夏、秋自然降水为春所用，是解决小麦干旱的重要措施。如果当地缺少有机肥来源，秸秆还田能有效增加轮作田土壤有机质，是一项最经济、最有效的培肥地力措施。经过研究发现，深松秸秆还田是山东区域最有效的还田方式。

（四）品种选择

不同小麦品种其抗旱性能有较大的差异，旱地种植的小麦品种必须有较强的抗旱性能。一般旱地小麦品种应具有以下特征：根系强大、保水力强、反应迟钝、水分蒸发率低。播种时，选用抗旱性强、发芽率在 90%以上、纯净度高、分蘖能力强的小麦品种，如青麦 6 号和鲁麦 21 号，播量较传统播种量高 10%左右。

在秸秆还田地块，若病虫害发生较为严重，要进行种子包衣或药剂拌种。

1. 种衣剂包衣　超微粉体种衣剂包衣，可有效预防小麦腥黑穗病、散黑穗病和根腐病等，并促进种子萌发、幼苗生长和根系发育，提高植株抗逆力。超微粉体种衣剂使用量与种子的质量比为 1∶600，使用量小，有利于减少污染。为了提高种衣剂的附着率，并避免种衣剂粉尘对环境的污染，在搅拌包衣前，可在种子上喷洒种子量 0.5%～1.0%的水，使其成膜。

2. 药剂拌种　用种子量 0.2%的 40%拌种双拌种，防治小麦腥黑穗病、散黑穗病；或用种子量 0.3%的 50%福美双拌种，防治小麦腥黑穗病；或用种子量 0.3%的 50%多福合剂或 50%多菌灵拌种，防治小麦腥黑穗病，兼防根腐病。拌种时采用拌种器，拌种要均匀，拌种后闷种 20～24 小时。或用辛硫磷 50 千克麦种用药剂 150～200 克兑水 4 千克稀释，均匀喷洒在麦种上，边喷边搅，堆闷 8～12 小时。

3. 播种量及计算　按每公顷基本苗数、种子千粒重、发芽率、净度和田间出苗率（一般为 90%）计算播种量。

每公顷播量（千克/公顷）＝每公顷基本苗数×千粒重（g）/发芽率（%）×

净度（%）×1 000 000×田间出苗率（%）

播种量确定后，应进行播量试验和播种机单口流量调整。正式播种前，还应进行田间播量矫正。

4. 播种质量 适时播种，一般认为，旱地小麦冬前0 ℃以上积温达550～670 ℃播种比较稳妥。以每亩12万～15万苗数为宜，施肥较多、偏早播种的高产田可降至10万左右。

播种和镇压要连续作业，播种过程中应经常检查播量，总播量误差不超过±2%。做到下种均匀，不重播、不漏播、深浅一致，覆土严密，地头、地边播种整齐。

5. 播种技术 旱地小麦可采用均行平播技术，即不起垄均行播种，行间距一般为20～22厘米。播种时，表层土壤的含水量一般应达到10%以上才是适宜的播种墒情。若干土层超过10厘米就必须采用特殊的抗旱播种方式，如加墒播种、提墒播种等措施。播种采用苗带旋耕播种机，一次性完成带状旋耕开沟、施肥、播种、覆土、镇压作业。播种机的性能对播种质量影响较大。黏重土壤对播种机性能要求较高，适耕期短，要把握好播种时间。

三、苗情及群体调控

旱地小麦要保证苗的质量，旱地小麦壮苗标准不仅要求营养生产量适宜，还必须具有较高的质量，即麦苗有较强的活力。主要表现：冬前主茎叶片5～7片，按时如数分蘖，根系深扎；冬季抗冻，有较多的绿叶越冬；春季还苗返青早，不早衰，分蘖成穗率高。

旱地小麦的群体结构必须是高产低耗的群体结构。在主要的群体指标中，关键是冬前群体够数而不过头。注意足墒增肥，可有效促进冬前群体发展。调控群体最有效的途径是调控播种数与苗数，而调控播种期比密度更有效。施肥量和施肥方法对群体发展也有较大影响。在旱薄地浅施肥有利于培育壮苗，在旱肥地深施肥有利于控制麦苗旺长。

四、田间管理

旱地小麦田间管理以保墒为主，努力提高土壤水分生产率，而保墒措施重在镇压，次为划锄。播种后若耕层墒情较差时即应进行镇压，以利于出苗。早春麦田管理，在降水较多年份、耕层墒情较好时，应及早划锄保墒；秋冬雨雪较少、表土变干而坷垃较多时，应进行镇压或先镇后锄。

旱地小麦生产的主要矛盾是缺水。秋冬土壤缺墒，影响小麦出苗和分蘖；春季缺墒，影响穗粒数。后期缺墒影响开花与灌浆，进而影响粒重和产量。因此，积蓄并利用有限的自然降水，使有限的蓄水发挥最大的作用，是旱地小麦高产稳产的关键所在。从小麦播种以后到春季起身前，凡因降水或灌溉造成土壤板结的，一定要在土壤“放白”或含水量适宜时，及时进行中耕松土，对保墒防旱有明显效果。遇到“顶凌”，一定要划锄和镇压。土壤结冻，水分向表层集中，到春季解冻时，表层湿度最大，甚至出现返浆，是土壤水分损失最快、最多的时期。这时，假若不及时做好保墒，土壤水分将蒸发的多，下渗的少。划锄可以切断土壤毛细管，阻止水分向地表移动蒸发。镇压可以缩小空隙减弱气体交流，防止气态水向外扩散，使土壤内部湿度平衡。水分易在耕层积累，所以划锄和镇压相结合，既保墒又提墒。划锄的次数，应视春季降水情况灵活掌握，春季降水多的年份，划锄次数也应相应增加，一般是头遍浅、二遍深、三遍不伤根。

在小麦生产中后期，旱地小麦追肥也有增产效果，底肥没有施足时可以追肥。可结合灌溉或降水前进行追肥。同时，要做好麦田“三防”，即防病虫、防早衰、防干热风。

保护性耕作地块病虫害较为严重，要加强生育后期病虫害防治。一般在小麦播后即喷洒除草剂，开花期喷洒杀虫剂，其他生长期也要经常观察，若发现问题应及时防治，以防病虫害发展成灾。其中，开花期降水量偏多或偏少都会引发多种病虫害，所以开花期病虫害防治尤为重要。在灌浆后期脱肥时，用2%尿素或0.3%磷酸二氢钾溶液，在开花后喷施2次，每次间隔10天，可与防治病虫害的药剂配合使用，使小麦叶片气孔缩小，减少植株蒸腾量，防止干热风危害，增强植株的抗性，延长叶片的绿色功能期，提高小麦的灌浆强度，达到增加粒数和粒重的效果。

五、收获

在蜡熟末期至完熟期，用联合收割机或人工及时收获。蜡熟末期的长相为植株茎秆全部黄色，叶片枯黄，茎秆尚有弹性，籽粒含水量在22%左右，籽粒颜色接近本品种固有光泽，籽粒较坚硬。

六、储藏

脱粒后及时晾晒、精选。分类、分等级存放在清洁、干燥、无污染的仓库中。

第四节　秸秆还田技术适用范围和应用中要注意的问题

第一，旱地小麦保护性耕作的关键是土壤深松与秸秆还田免耕播种，其目的主要是充分利用自然降水，蓄水保墒。同时，为了更好地完善和推广保护性耕作技术，要适当加大播种量和采用分蘖能力强的小麦品种，在一定程度上能弥补因出苗率差而导致的减产，进而充分发掘保护性耕作的增产潜力。

第二，适合的降水量范围。年降水量为250～800毫米。

第三，适合的气候温度范围。由于春季播种时秸秆还田的地温比翻耕无覆盖地低1～2℃，可能会对玉米等喜温作物出苗产生不利影响，建议温度低于年平均气温7℃的地方，要慎重推广。对于耐寒春小麦等作物，一般影响不大。

第四，适合的土壤类型。一般没有什么限制，但对于黏重、排水性能差的土壤，实施秸秆还田耕作要慎重。

第五，播种质量问题。由于地表不平整、覆盖物分布不均等原因，有可能出现播种深浅不一、种子分布不均甚至缺苗断垄等问题。应从改进播种机性能、改善地表状态两方面解决。

第六，杂草控制问题。翻耕作业有翻埋杂草的作用，而秸秆还田耕作相对来说少了一项控制杂草的措施，又因地表有秸秆遮盖，除草剂不易直接喷撒到杂草上，对灭草效果会有一定影响。

主要参考文献

REFERENCES

蔡太义，贾志宽，孟蕾，等，2011. 渭北旱塬不同秸秆覆盖量对土壤水分和春玉米产量的影响［J］. 农业工程学报（3）：43－48.

常晓慧，孔德刚，井上光弘，等，2011. 秸秆还田方式对春播期土壤温度的影响［J］. 东北农业大学学报，42（5）：117－120.

陈尚洪，朱钟麟，吴婕，等，2006. 紫色土丘陵区秸秆还田的腐解特征及对土壤肥力的影响［J］. 水土保持学报，20（6）：141－144.

陈素英，张喜英，裴冬，等，2005. 玉米秸秆覆盖对麦田土壤温度和土壤蒸发的影响［J］. 农业工程学报，21（10）：171－173.

樊志龙，陶志强，柴强，等，2012. 少耕秸秆覆盖对小麦间作玉米产量和水分利用的影响［J］. 灌溉排水学报，31（1）：109－112.

付国占，王俊忠，李潮海，等，2005. 华北残茬覆盖不同土壤耕作方式夏玉米生长分析［J］. 干旱地区农业研究，23（4）：12－15.

高茂盛，廖允成，吴清丽，等，2007. 麦秸翻压还田对隔茬小麦旗叶抗性的生理效应［J］. 生态学报，27（10）：4197－4202.

韩宾，李增嘉，王芸，等，2007. 土壤耕作及秸秆还田对小麦生长状况及产量的影响［J］. 农业工程学报，23（2）：48－53.

江晓东，李增嘉，侯连涛，等，2005. 少免耕对灌溉农田小麦/夏玉米作物水、肥利用的影响［J］. 农业工程学报，21（7）：21－24.

李贵桐，赵紫娟，黄元仿，等，2002. 秸秆还田对土壤氮素转化的影响［J］. 植物营养与肥料学报，8（2）：162－167.

刘建国，卞新民，李彦斌，等，2008. 长期连作和秸秆还田对棉田土壤生物活性的影响［J］. 应用生态学报，19（5）：1027－1032.

刘巽浩，高旺盛，朱文珊，2001. 秸秆还田的机理与技术模式［M］. 北京：中国农业出版社.

刘阳，2008. 玉米秸秆还田对接茬小麦生长、衰老及土壤碳氮的影响［D］. 杨凌：西北农林科技大学.

鲁向晖，高鹏，王飞，等，2008. 宁夏南部山区秸秆覆盖对春玉米水分利用及产量的影响［J］. 土壤通报，39（6）：1248－1251.

彭少兵，黄见良，钟旭华，等，2002. 提高中国稻田氮肥利用率的研究策略［J］. 中国农业科学，35（9）：1095－1103.

卜玉山，苗果园，邵海林，等，2006. 对地膜和秸秆覆盖玉米生长发育与产量的分析［J］. 作物学报，32（7）：1090－1093.

卜玉山，苗果园，周乃健，等，2006. 地膜和秸秆覆盖土壤肥力效应分析与比较 [J]. 中国农业科学，39 (5)：1069 - 1075.

盛海君，沈其荣，封克，2004. 覆盖旱作水稻群体发育特征分析 [J]. 应用生态学报，15 (1)：59 - 62.

王卫，谢小立，谢永宏，等，2010. 不同施肥制度对双季稻氮吸收、净光合速率及产量的影响 [J]. 植物营养与肥料学报，16 (3)：752 - 757.

吴萍萍，刘金剑，周毅，等，2008. 长期不同施肥制度对红壤稻田肥料利用率的影响 [J]. 植物营养与肥料学报，14 (2)：277 - 283.

武际，郭熙盛，鲁剑巍，等，2012. 连续秸秆覆盖对土壤无机氮供应特征和作物产量的影响 [J]. 中国农业科学，45 (9)：1741 - 1749.

徐国伟，谈桂露，王志琴，等，2009a. 秸秆还田与实地氮肥管理对直播水稻产量、品质及氮肥利用的影响 [J]. 中国农业科学 (8)：2736 - 2746.

徐国伟，谈桂露，王志琴，等，2009b. 麦秸还田与实地氮肥管理对直播水稻生长的影响 [J]. 作物学报，35 (4)：685 - 694.

于晓蕾，吴普特，汪有科，等，2007. 不同秸秆覆盖量对小麦生理及土壤温、湿状况的影响 [J]. 灌溉排水学报，26 (4)：41 - 44.

袁玲，张宣，杨静，等，2013. 不同栽培方式和秸秆还田对水稻产量和营养品质的影响 [J]. 作物学报，39 (2)：350 - 359.

远红伟，陆引罡，刘均霞，等，2007. 不同耕作方式对玉米生理特征及产量的影响 [J]. 华北农学报 (22)：140 - 143.

张静，温晓霞，廖允成，等，2010. 不同玉米秸秆还田量对土壤肥力及小麦产量的影响 [J]. 植物营养与肥料学报，16 (3)：612 - 619.

张庆忠，吴文良，王明新，等，2005. 秸秆还田和施氮对农田土壤呼吸的影响 [J]. 生态学报，25 (11)：2883 - 2887.

张月霞，杨君林，刘炜，等，2009. 秸秆覆盖条件下不同施氮水平小麦氮素吸收及土壤硝态氮残留 [J]. 干旱地区农业研究，27 (2)：189 - 193.

赵鹏，陈阜，2008a. 秸秆还田配施化学氮肥对小麦氮效率和产量的影响 [J]. 作物学报，34 (6)：1014 - 1018.

赵鹏，陈阜，2008b. 豫北秸秆还田配施氮肥对小麦氮利用及土壤硝态氮的短期效应 [J]. 中国农业大学学报，13 (4)：19 - 23.

赵伟，陈雅君，王宏燕，等，2012. 不同秸秆还田方式对黑土土壤氮素和物理性状的影响 [J]. 玉米科学，20 (6)：98 - 102.

赵长星，马东辉，王月福，等，2008. 施氮量和花后土壤含水量对小麦旗叶衰老及粒重的影响 [J]. 应用生态学报，19 (11)：2388 - 2393.

周怀平，杨治平，李红梅，等，2004. 秸秆还田和秋施肥对旱地玉米生长发育及水肥效应的影响 [J]. 应用生态学报，15 (7)：1231 - 1235.

Agustin L O，2008. Straw management，crop rotation，and nitrogen source effect on wheat grain yield and nitrogen use efficiency [J]. Europ. J. Agronomy (29)：21 - 28.

Francois X N, Richard J H, 2007. The liming effect of five organic manures when incubated with an acid soil [J]. Journal of Plant Nutrition and Soil Science, 170 (5): 615-622.

Havstad L T, Aamlid T S, Henriksen T M, 2010. Decomposition of straw from herbage seed production: effects of species, nutrient amendment and straw placement on C and N net mineralization [J]. Plant Soil Science, 60 (1): 57-68.

Kern J S, Johnson M G, 1993. Conservation tillage impacts on national soil and atmospheric carbon levels [J]. Soil Sci. Soc. Am. J. (57): 200-210.

Lu F, Wang X K, Han B, et al., 2009. Soil carbon sequestrations by nitrogen fertilizer application, straw return and no-tillage in China's cropland [J]. Global Change Biology, 15 (2): 281-305.

Malhi S S, Nyborg M, Goddard T, et al., 2011. Long-term tillage, straw and N rate effects on quantity and quality of organic C and N in a Gray Luvisol soil [J]. Nutrient Cycling in Agroecosystems, 90 (1): 1-20.

M E D, Zhang G B, M J, et al., 2010. Effects of rice straw returning methods on N_2O emission during wheat-growing season [J]. Nutrient Cycling in Agroecosystems, 88 (3): 463-469.

Ogle S M, Swan A, Paustian K, 2012. No-till management impacts on crop productivity, carbon input and soil carbon sequestration [J]. Agriculture, Ecosystems and Environment (149): 37-49.

Qin S P, Hu C S, Dong W X, 2010. Nitrification results in under estimation of soil crease activity as determined by ammonium production rat [J]. Pedobiologia, 53 (6): 401-404.

Sparrow S D, Lewis C E, Knight C W, 2006. Soil quality response to tellage and crop residue removal under subarctic conditions [J]. Soil Tillage and Research (91): 15-21.

Turk A, Mihelic R, 2013. Wheat straw decomposition, N-mineralization and microbial biomass after 5 years of conservation tillage in Gleysol field [J]. CAB Abstracts Acta Agriculturae Slovenica, 101 (1): 69-75.

Xu R K, Coventry D R, 2003. Soil pH changes associated with lupin and wheat plant materials incorporated in a red-brown earth soil [J]. Plant and Soil, 250 (1): 113-119.

Yan F, Schubert S, 2000. Soil pH changes after application of plant shoot materials of faba bean and wheat [J]. Plant and Soil (220): 279-287.

图书在版编目（CIP）数据

旱地小麦秸秆还田理论与技术 / 刘义国，林琪著
. —北京：中国农业出版社，2024.1
ISBN 978-7-109-31712-3

Ⅰ. ①旱… Ⅱ. ①刘… ②林… Ⅲ. ①麦秆—秸秆还田—研究 Ⅳ. ①S141.4

中国国家版本馆 CIP 数据核字（2024）第 018392 号

中国农业出版社出版
地址：北京市朝阳区麦子店街 18 号楼
邮编：100125
责任编辑：冀 刚　　文字编辑：王庆敏
版式设计：王 晨　　责任校对：吴丽婷
印刷：北京印刷一厂
版次：2024 年 1 月第 1 版
印次：2024 年 1 月北京第 1 次印刷
发行：新华书店北京发行所
开本：700mm×1000mm　1/16
印张：10
字数：260 千字
定价：58.00 元
